U0792616

广东省小型水库安全运行管理标准化 工作指导手册

袁明道　史永胜　张旭辉　杨文滨　黄春华　夏甜　徐云乾 等　编著

中国水利水电出版社
www.waterpub.com.cn
·北京·

图书在版编目（CIP）数据

广东省小型水库安全运行管理标准化工作指导手册 / 袁明道等编著. -- 北京 : 中国水利水电出版社, 2020.12
ISBN 978-7-5170-9219-3

Ⅰ. ①广… Ⅱ. ①袁… Ⅲ. ①小型水库－水库管理－安全管理－标准化管理－广东 Ⅳ. ①TV697.1-65

中国版本图书馆CIP数据核字(2020)第242055号

书　　名	**广东省小型水库安全运行管理标准化工作指导手册** GUANGDONG SHENG XIAOXING SHUIKU ANQUAN YUNXING GUANLI BIAOZHUNHUA GONGZUO ZHIDAO SHOUCE
作　　者	袁明道　史永胜　张旭辉　杨文滨　黄春华　夏甜 徐云乾　等 编著
出版发行	中国水利水电出版社 (北京市海淀区玉渊潭南路1号D座　100038) 网址：www.waterpub.com.cn E-mail：sales@waterpub.com.cn 电话：(010) 68367658（营销中心）
经　　售	北京科水图书销售中心（零售） 电话：(010) 88383994、63202643、68545874 全国各地新华书店和相关出版物销售网点
排　　版	中国水利水电出版社微机排版中心
印　　刷	北京瑞斯通印务发展有限公司
规　　格	140mm×203mm　32开本　5.25印张　144千字
版　　次	2020年12月第1版　2020年12月第1次印刷
印　　数	0001—5000册
定　　价	**48.00**元

凡购买我社图书，如有缺页、倒页、脱页的，本社营销中心负责调换

版权所有·侵权必究

前言

为全面贯彻落实党的十九大精神，以习近平新时代中国特色社会主义思想为指导，对标对表习近平总书记在黄河流域生态保护和高质量发展座谈会上提出的“要坚持绿水青山就是金山银山的理念，坚持生态优先、绿色发展，以水而定、量水而行，因地制宜、分类施策，上下游、干支流、左右岸统筹谋划，共同抓好大保护，协同推进大治理”的新要求，围绕“节水优先、空间均衡、系统治理、两手发力”的十六字治水思路和“水利工程补短板，水利行业强监管”的水利改革发展总基调，结合党的十九大提出的建设“数字中国”“智慧社会”和广东省建设“数字政府”的新需要，根据国家和广东省现行有关法律法规和技术标准，制定《广东省小型水库安全运行管理标准化工作指导手册》。

本手册编制的目的是为了指导小型水库安全运行管理标准化建设，以物业化、集约化管理模式为突破口，结合云计算、物联网、移动互联、大数据、人工智能等新技术的应用，补齐小型水库安全管理、安全监测、巡视检查、信息化等方面的短板，按照水利工程运行管理近期夯实管理基础、中长期抓标准化管理的总体要求，通过努力基本实现职责明确、机制完善、制度健全、管理规范、监管有力的小型水库运行管理新局面，全面规范小型水库安全运行管理，并以水利信息化驱动传统水利向智慧水利转变，逐步实现水利现代化，强化水安全，保障工程安全运行，为广东实现“四个走在前列”、当好“两个重要窗口”作出贡献。

本手册适用于广东省小型水库安全运行管理标准化建设。全书分8个部分，主要内容包括：绪论；基础管理；运行管理；安全管理；信息化管理；标准化达标；主要依据；附录等。

本手册主编单位： 广东省水利水电科学研究院
广东省大坝安全技术管理中心
本手册主要起草人： 袁明道　史永胜　张旭辉　杨文滨　黄春华
夏　甜　徐云乾　潘展钊　谭　彩　祝二浩
李培聪　陆雪萍　曾锦辉　马妍博　刘建文
林悦奇　黄有文　梁海林　刘金涛　陈嘉颖
彭汝轩　梁雨玲　李晓杨　彭　为　申诗嘉
王静茹　穆盈霖
本手册主要审查人： 邹振宇　全万友　黄本胜　黄家宝　叶乃虎
易小兵　毛建平　李　康　谌汉舟

本手册的编著和出版得到了2020年广东省水利科技创新项目“粤港澳大湾区小型水库效益风险分析、系统治理与报废对策研究”（项目编号2020-17）以及“广东省水库物业化管理养护技术标准研究”（项目编号2020-22）等的资助。

由于编者水平有限，手册中内容难免有疏漏和不当之处，欢迎广大读者批评指正，并请在使用过程中随时将有关意见和建议反馈给广东省水利水电科学研究院（地址：广州市天河区天寿路116号；电话：020-38036637；邮箱：gddbzx2010@163.com；邮政编码：510635），或请关注微信公众号“广东水库巡查系统”留言，以供今后修订时参考。

目录

1 绪论

1.1 背景

广东省小型水库点多面广、功能多样，在区域防洪、城镇供水、农田灌溉和水资源保护等方面发挥了巨大作用，有力保障了地区经济的持续稳定发展。但长期以来，小型水库管理责任不落实、管理机构缺失、管养经费缺乏、管护能力不足等问题较为突出，导致全省小型水库管理水平普遍偏低，安全隐患突出。为规范小型水库运行管理，进一步夯实小型水库安全基础，全面提升小型水库运行管理水平，在全省范围开展小型水库安全运行管理标准化工作。

1.2 指导原则

以习近平新时代中国特色社会主义思想为指导，积极践行“节水优先、空间均衡、系统治理、两手发力”的十六字治水思路，深入贯彻习近平总书记对广东省的重要讲话和重要指示批示精神，全面落实习近平总书记关于加强水库安全管理工作的批示精神，紧紧围绕“水利工程补短板，水利行业强监管”水利改革发展总基调，以互联网＋新兴产业技术为抓手，以物业化、集约化管理模式为突破口，全面规范小型水库运行管理，为广东实现“四个走在全国前列”当好“两个重要窗口”作出贡献。

1.3 主要内容

广东省小型水库安全运行管理标准化工作主要围绕小型水库

基础管理、运行管理、安全管理、信息化管理及标准化达标等方面，可概括为“四个落实、三个规范、两个创新、一个美化”，即落实管理责任、落实管养经费、落实管护人员、落实管理与保护范围，规范工作制度、规范管理设施、规范标识标牌，创新管理手段、创新管养模式，美化水库环境。

1.3.1　四个落实

（1）落实健全明晰的管理责任制。进一步落实水库的管理责任主体，健全水库管理机构。逐库落实水库大坝安全管理责任制、防汛安全责任制和安全生产责任制。

（2）落实持续稳定的经费保障机制。进一步落实管理经费的筹措责任和渠道，切实落实水库管理单位机构、人员经费和工程维修养护经费，做到经费纳入预算、测算全面精准、确保足额到位。

（3）落实稳定的专业管护人员。进一步加强水库管护人员队伍建设，保证人员工资待遇。加强对水库管护人员业务培训，使每个管护人员熟知水库管护知识、各项管理规章制度和管理规范岗位职责，全面掌握和严格执行管理规范。

（4）落实界定清晰的管理和保护范围。进一步落实和明确水库管理及保护范围，在水库管理范围边界埋设界桩，对保护范围边界设相应标记。小型水库管理和保护范围由水库主管部门统一报县级以上人民政府审批。

1.3.2　三个规范

（1）规范制定管理制度。根据水库自身管理内容和特点，进一步健全和完善各项管理规章制度、运行操作规程，制定管理手册，明确各项工作任务和流程。通过健全的管理制度，进一步规范工程巡视检查（巡查）、安全监测、操作运用和维修养护等日常管理活动。强化日常工作的精细化、流程化、痕迹化和溯源化。做到巡测规范、记录标准、维护及时。

（2）规范配置管理设施。配置符合要求的管理用房，具备两种以上有效通信手段，并保证通达坝址的交通道路安全、畅通。

（3）规范设置标识标牌。结合工程规模、结构型式、工程环境及管理需要，设置标准规范的标识标牌，内容准确、清晰、简洁。

1.3.3　两个创新

（1）创新现代化管理手段。推进信息化与标准化融合。小（1）型水库和坝高 15m（含 15m）以上的小（2）型水库实现“四要素”（库水位、降雨量、坝体外观、渗流量）监测，坝高 15m 以下的小（2）型水库实现“三要素”（库水位、降雨量、坝体外观）监测。日常巡视检查（巡查）、工程管理工作可直接使用省级开发建设的水利工程运行管理平台，也可自行开发。对于各地已建成或正在建设的运行管理平台，应确保与省级平台无缝对接，实现全省水库协同管理、动态监管。

（2）创新物业化管护模式。推行管养分离，通过政府购买服务等模式，采取以县（区）、乡镇或流域为单位的物业化管护，打造一批集约化管理示范地区。通过示范引领，逐步在全省推行物业化，引入专业化维修养护队伍，提升小型水库管理水平。

1.3.4　一个美化

打造美化的水库环境。进一步加强水库大坝环境治理，加强水环境的监管与保护，做到坝容坝貌整洁美观、水质优良、库区环境优美。

2 基础管理

2.1 责任主体与管理单位

（1）全面落实小型水库安全管理责任主体。地方各级人民政府对本行政区域内小型水库安全负总责，水库主管部门（或产权所有者）承担所属小型水库安全管理职责，水库管理单位具体负责小型水库的日常安全管理和工程维护。

（2）地方各级人民政府要全面履行安全监管领导责任，协调解决水库大坝安全管理重大问题；主管部门（或产权所有者）要全面履行所属水库大坝的安全监管职责，指导督促管理单位加强日常运行管理和维修养护。

（3）水库管理单位应履行以下管理职责：

1）组织制定各项规章制度和工作计划。

2）组织开展日常巡查、维修养护、操作运行、安全监测、预警预报等工作。

3）组织编制调度规程和应急预案，协助开展水库大坝安全鉴定工作。

4）统筹管理人员岗位职责分工、制订职工教育培训计划和考核。

5）承担上级交办的其他任务。

（4）小型水库均应落实管理单位，除已单独设置管理机构外，可采取“以大带小”“小小联合”“分片统管”等管理模式，各地可根据实际情况自主选择。

（5）鼓励物业化管护模式。小型水库运行管理工作宜逐步采取以县（区）、乡镇或流域为单位的物业化管护模式，由水库主管部门或管理单位通过向社会购买服务等方式，委托具备相应能力的企事业单位负责水库的日常管理和维修养护等工作。

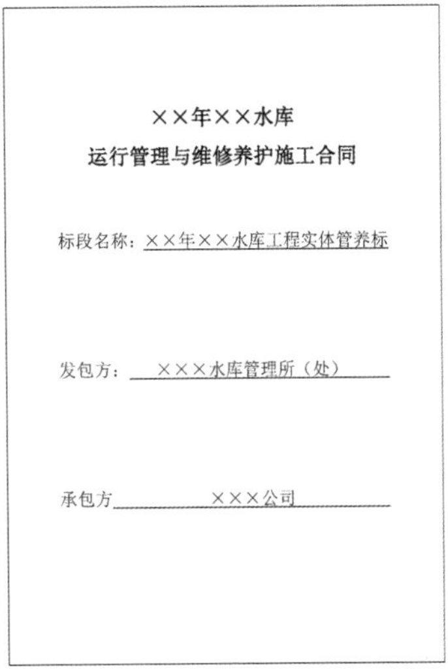

××年××水库
运行管理与维修养护施工合同

标段名称：××年××水库工程实体管养标

发包方：×××水库管理所（处）

承包方×××公司

图 1　委托物业化管理

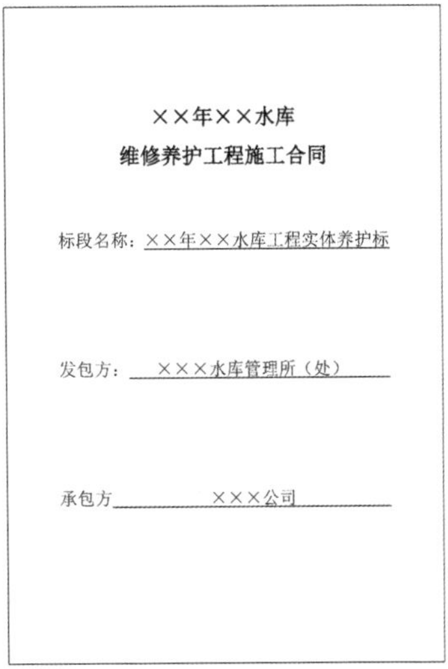

××年××水库
维修养护工程施工合同

标段名称：××年××水库工程实体养护标

发包方：×××水库管理所（处）

承包方×××公司

图 2　委托社会化养护

2.2　管理人员

（1）小型水库应根据自身工程规模和运行管理工作量设置相应的管理人员，且每座小（1）型水库管理人员不少于 2 名，每座小（2）型水库管理人员不少于 1 名。小型水库管理人员岗位职责见附录 1。

（2）管理人员年龄不大于 60 周岁，具有初中以上文化水平，身体健康，责任心强。

（3）管理人员应熟悉水库管理知识，上岗前应进行岗前培训，并应根据专业管理需要，每年至少接受 1 次业务培训，并考核合格。

（4）管理人员应具备良好的职业道德，认真履行岗位职责，做好以下管理工作：

1）水库大坝巡视检查、观测和记录。

2）水库的日常养护和环境保洁工作。

3）闸阀启闭设施的操作运行和记录。

4）发现险情（异常情况）立即按规定程序报告。

5）劝阻危害工程安全的行为，必要时向主管部门或上级报告。

6）遇台风、暴雨、地震等紧急情况，按主管部门和上级要求做好有关工作。

2.3 管理经费

2.3.1 人员经费

（1）纯公益性质的水管单位，管理单位应根据内设机构的岗位设置和人员配备情况，测算管理人员经费，报同级财政审核并列入当地财政年度预算。

（2）准公益性质的水管单位，管理单位应测算管理人员经费，将人员经费需求报同级财政审核并列入当地财政年度预算。

（3）企业性质的水管单位，管理人员经费由水管单位自行筹集，水管单位要加强资金积累，提高抗风险能力，确保水库管理人员经费每月按时足额到位。

（4）建立与当地物价水平增长相适应的工资增长机制，鼓励适当提高基层水库管理人员的工资水平，管理人员工资原则上不得低于当地政府颁布的最低工资标准。

（5）严格人员经费管理，人员工资应逐月打入每位管理人员实名办理的工资卡，禁止无故克扣管理人员的工资。

2.3.2 维修养护经费

（1）水库主管部门应参照水利部、财政部颁布的《水利工程维修养护定额标准（试点）》统一编制本区域内每座小型水库年度维修养护经费预算，报同级财政部门审批。不同坝型、坝长、坝高和溢洪道控制方式的工程基本维修养护项目定额参考标准见附录2。

（2）纯公益性质的水管单位，应将审批后的年度日常维修养护经费预算列入当地财政年度预算。准公益性质的水管单位，应将审批后的年度维修养护经费预算“差额部分”列入当地财政年度预算。企业性质的水管单位，其年度日常维修养护经费由管理单位自行筹集，水管单位要根据经营情况，首先确保小型水库维修养护资金的足额到位，保证小型水库的安全运行。

（3）严格资金管理，维修养护经费要做到专款专用，严禁挪作他用。

（4）洪水等重大险情造成的工程修复及工程抢险费用、水利工程更新改造费用及其他专项费用另行申报和核定。

2.4 管理制度

（1）小型水库管理单位均应根据自身工程管理内容和特点，建立具有针对性和可操作性的运行管理制度，并定期修订与完善。

（2）小型水库运行管理制度主要包括：巡视检查、安全监测、调度运行、操作运行、维修养护、防汛物资管理、应急抢险及报告、岗位责任制、防汛值班、大事记、档案管理等。小型水库制度分类及编制内容见附录3。小型水库运行管理规章制度汇编见附录14。

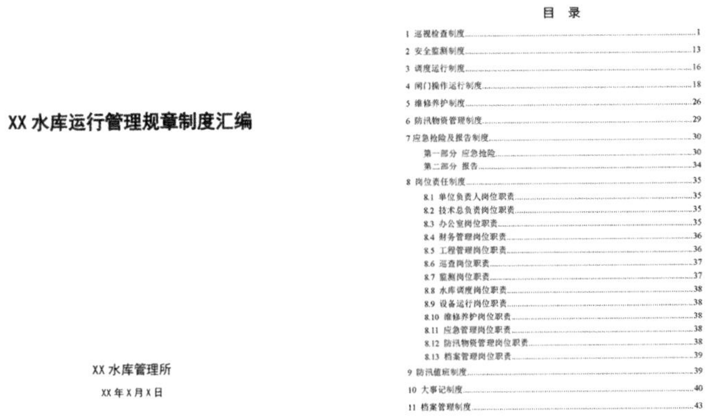
XX水库运行管理规章制度汇编

XX水库管理所

XX年X月X日

目 录

图3 某水库编制管理制度汇编

2.5 注册登记

（1）小型水库管理单位均应按照《水库大坝注册登记办法》要求，向县级及以上水库大坝主管部门或指定注册登记机构申报登记。水库大坝注册登记的数据和情况应实事求是、真实准确，不得弄虚作假。

（2）已注册登记的大坝完成扩建、改建的，或经批准升、降级的，或大坝隶属关系发生变化的，管理单位应在此后3个月内，向原登记注册机构申请变更登记。

（3）小型水库原有功能萎缩或丧失的，或病险严重且除险加固经济上不合理、技术上不可行，经报废论证获批的，管理单位应在此后3个月内，向原登记注册机构申请注销登记。报废后的水库应落实安全行洪措施，不得再蓄水运行。

（4）注册登记机构有权对大坝管理单位的登记事项进行检查，并每隔5年对水库管理单位的登记事项普遍复查一次。

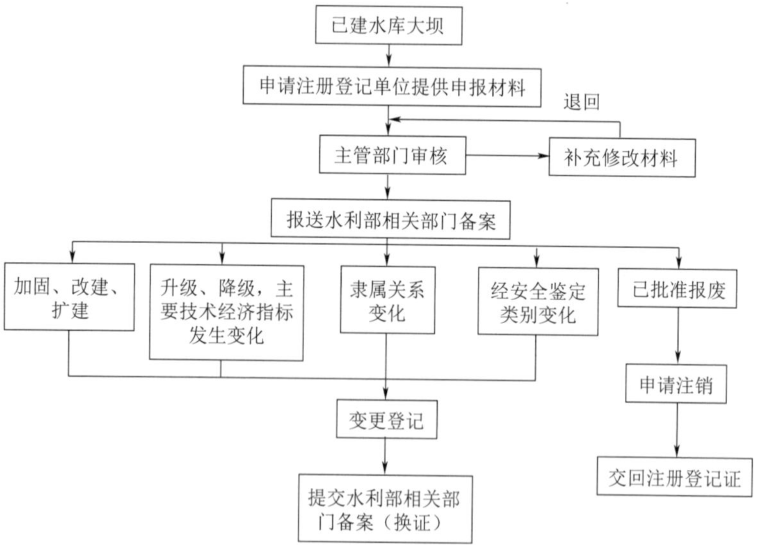

图4　注册登记流程图

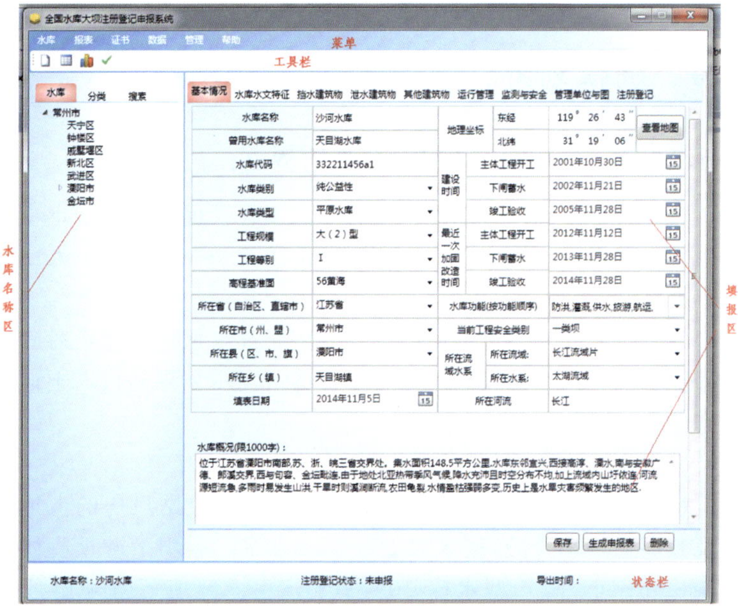

图 5　注册登记申报系统

中华人民共和国

水库大坝注册登记证

根据《水库大坝安全管理条例》的规定，经审查准予注册登记，特发此证。

注册登记号：44011450045-A4

水库名称：塘尾水库

所在地点：广东省广州市花都区花东镇

主要功能：灌溉

工程规模：小（2）型

总 库 容：85.00 万立方米

主坝最大坝高：13.00 米

主坝坝型：均质土坝

水库主管部门：广州市花都区花东镇人民政府

管理单位名称：广州市花都区花东镇农业技术推广站

管理单位性质：事业单位

大坝安全类别：

中华人民共和国水利部监制

注册登记机构：（印章）广州市花都区水务局

发证日期：2016 年 2 月 25 日（有效期十年）

图 6　注册登记证示例

2.6 确权划界

2.6.1 管理范围与保护范围划界

（1）管理单位应参照《广东省水利工程管理条例》划定小型水库管理和保护范围，并由水库主管部门统一报县级以上人民政府审批。

（2）按照先易后难的原则，先划定管理与保护范围，后确定管理范围内土地使用权属。具备条件的可同步划界确权，土地权属有争议的可先划界。

（3）小型水库管理范围划定标准为：

1）工程区：挡水、泄水、引水建筑物及电站厂房的占地范围及其周边，小（1）型水库20～30m，主、副坝下游坝脚线外20～30m；小（2）型水库10～20m，主、副坝下游坝脚线外10～20m。

2）库区：水库坝址上游坝顶高程线或土地征用线以下的土地和水域。

（4）小型水库保护范围划定标准为：

1）工程区：主体建筑物管理范围边界外延不少于50m。

2）库区：库区水库坝址上游坝顶高程线或者土地征用线以上至第一道分水岭脊之间的土地。

2.6.2 管理范围与保护范围管护

（1）管理单位应对水库管理范围边界设立界桩，在保护范围边界应设相应标记。

（2）界桩布设间距宜为100m。管理范围边界的拐点和县级行政区域边界，工程交叉处或近村镇处等复杂段应加密布设，间距宜为20～50m。

（3）作为饮用水源的供水水库宜采用铁丝网、围栏等方式对库区管理范围进行围闭。

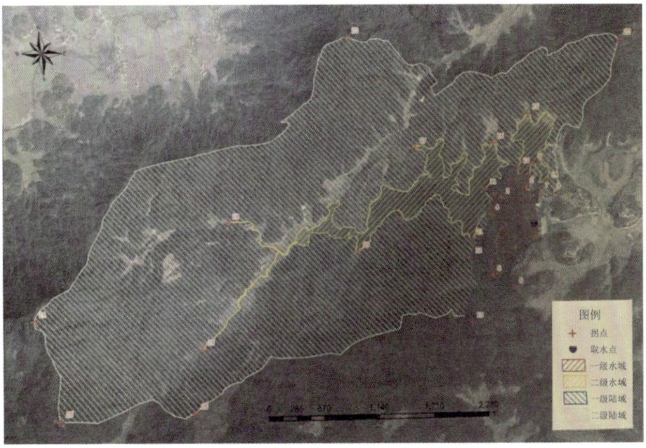

图 7　某水库保护范围示意图（以集水面积内山脊分水岭为界）

图 8　某供水水库用铁丝网围闭管理范围

（4）管理单位应加强水库管理与保护范围监管，定期巡查，发现存在从事危及工程安全及污染水质的爆破、打井、采石、取土、陡坡开荒、伐木、开矿、堆放或排放污染物等活动时，应及时制止，并上报主管部门。

2.7 管理设施

（1）小型水库均应设置满足防汛值班、设施存放等要求的管理用房。管理用房应在大坝附近并符合当地城市永久性建筑标准。管理用房面积应能满足水库管理单位日常工作的需要，小（1）型水库建筑面积一般不小于 $30m^2$，小（2）型水库一般不小于 $20m^2$。管理用房外观应保持整洁，主体结构完好，内部环境卫生清洁，无抹灰脱落、渗漏水、开裂等现象。

图 9　管理房示例

（2）小（1）型水库和坝高超过 15m 的小（2）型水库应具备两种以上有效通信手段，其他小（2）型水库应具备一种以上有效通信手段。通信手段包括固定电话、移动电话、网络通信以及卫星电话等方式。对外通信应与水库主管部门、防汛指挥机构等相关部门保持顺畅连接。

图 10　可用通信手段示例

（3）水库对外交通应充分利用已有的外部交通道路条件，与就近的城镇连接，路面应平整、通畅，宽度不宜小于 3.5m，防汛道路应到达坝顶或坝脚，满足日常运行管理和防汛抢险车辆通行的需要。

图 11　上坝道路

（4）小型水库均应配备必要的水雨情预警预报、安全监测及巡视检查等设备设施，相关要求见信息化管理章节。

2.8 标识标牌

（1）小型水库管理区域内应结合工程规模、结构型式、工程环境及管理需要，设置必要的标识标牌，包含公告类、警示类、指引类、制度类。小型水库标识标牌设置要求见附录4。

（2）标识标牌内容应准确、清晰、简洁，文字字体一般采用标准黑体（简体），行距应与标识标牌尺寸协调。标识标牌出现倾斜、破损、变形、变色、字迹不清、老化脱落等，应及时维护更换，保持标识标牌完整、可视。

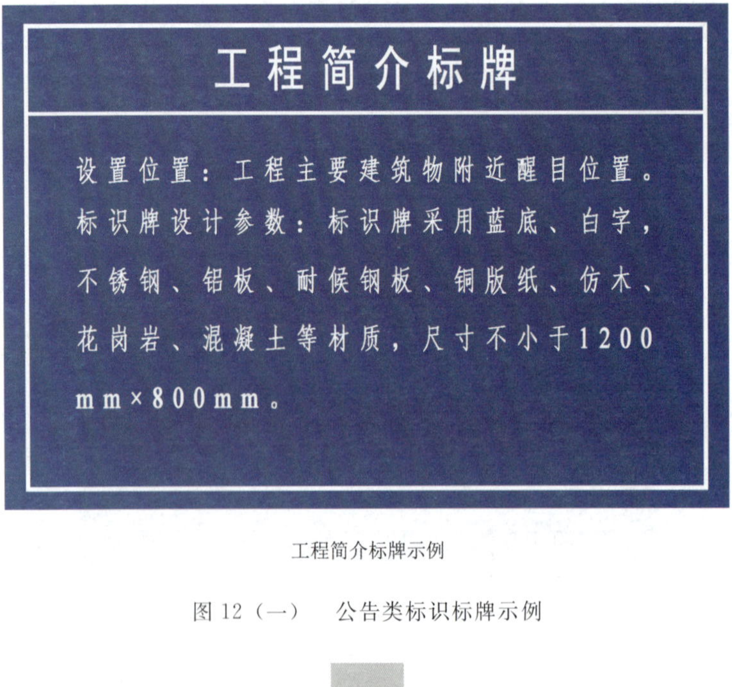

工程简介标牌示例

图12（一） 公告类标识标牌示例

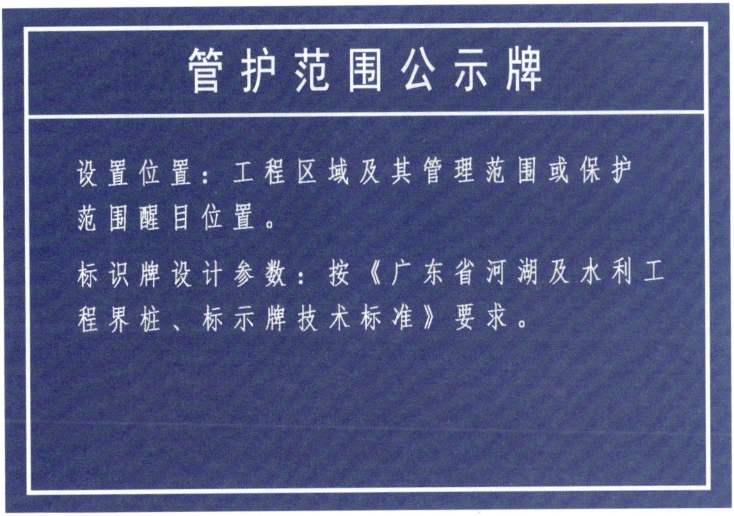

管护范围公示牌示例

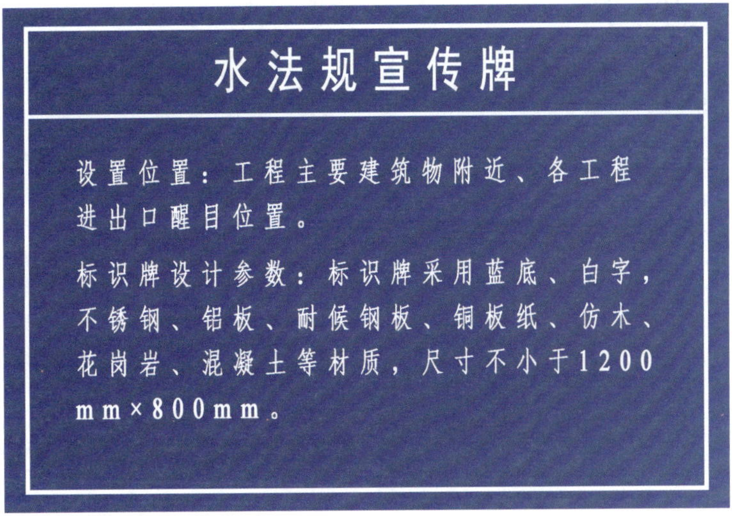

水法规宣传牌示例

图 12（二） 公告类标识标牌示例

界桩示例

界桩示例

图 12（三） 公告类标识标牌示例

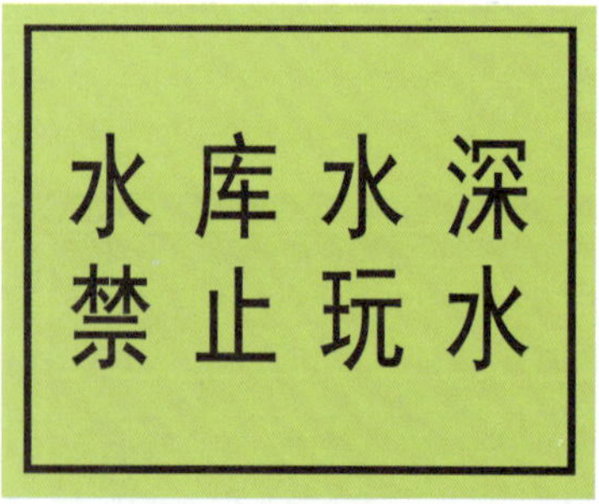

深水警示牌

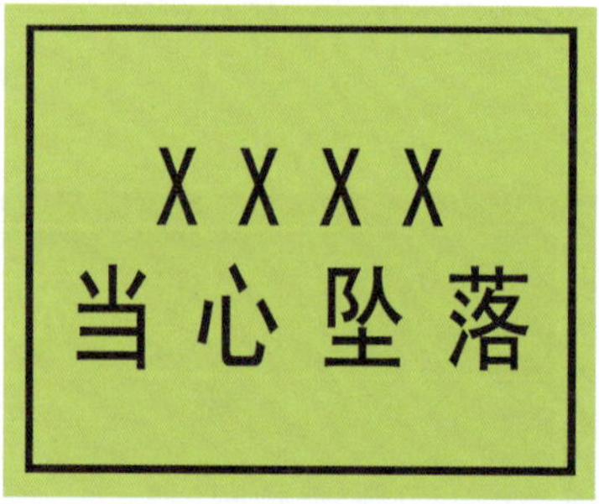

坠落警示牌

滑坡警示牌

汛限水位标示线

户外警示标线

室内警示标线

图 13 警示类标识标牌示例

水位测点标记示例

雨量测点标记示例

视频测点标记示例

图像测点标记示例

温度测点标记示例

水平位移测点标记示例

垂直位移测点标记示例

测压管测点标记示例

渗流量测点标记示例

桩号标记示例

巡查路线指示示例

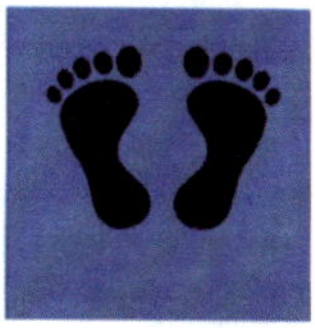

巡查点指示示例

图 14（一） 指引类标识标牌示例

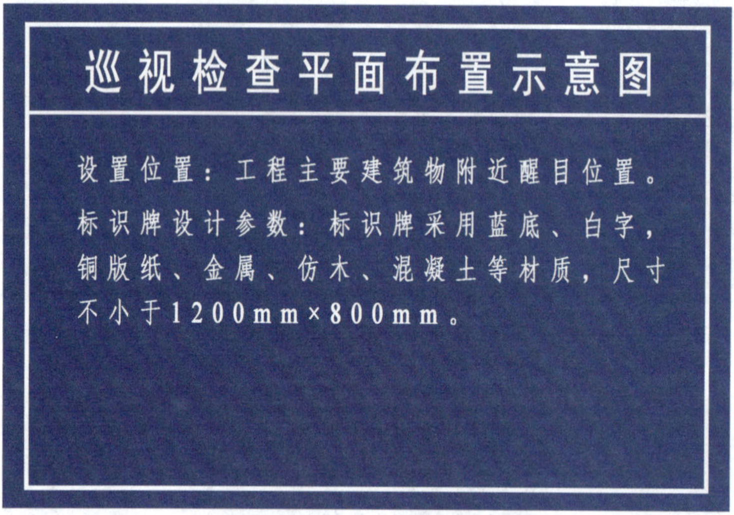

巡查检查平面布置示意图

图 14（二） 指引类标识标牌示例

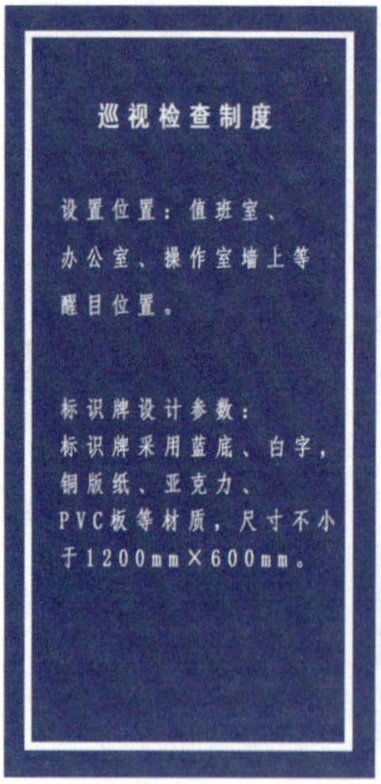

巡视检查制度牌示例

操作运行制度牌示例

岗位责任制度牌示例

图 15（一） 制度类标识标牌示例

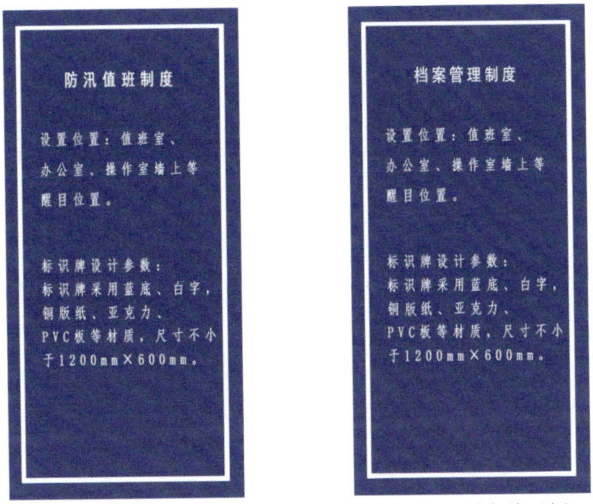

防汛值班制度牌示例　　档案管理制度牌示例

图 15（二）　制度类标识标牌示例

注：标识标牌尺寸根据实际选取，大尺寸可选用50cm×30cm，中等尺寸可选用30cm×20cm，小尺寸可选用20cm×10cm。

图 16　各建筑物或重要设施设备标识标牌示例

3 运行管理

3.1 巡视检查

（1）巡查分类。

1）巡视检查分为日常检查、定期检查和特别检查。

2）日常检查。汛期每天不少于 1 次。非汛期每周不少于 2 次，间隔不少于 3 天。水库受强降雨影响、库水位超过汛限水位或当地启动防汛防台风应急响应时，巡查人员应 24 小时现场值守。

3）定期检查。每年汛前、汛中，防汛行政责任人组织防汛大检查。防汛技术责任人组织开展汛后检查。

4）特别检查。在库区或坝址附近发生地震、遭遇大洪水、库水位骤变、高水位、冰冻灾害、水库放空以及其他影响大坝安全运行的特殊情况时，立即开展检查。

（2）巡查路线。

1）巡查路线应在工程巡视检查制度中明确规定。

2）检查坝顶、坝坡和岸坡。按已设定巡查路线检查，同时注意观察坝前水面和坝后水位情况。

3）巡查路线可参考：输水涵管进口—坝前水质水情—迎水坡（从左至右）—坝顶（从右至左）—背水坡一级马道（从左至右）—背水坡二级马道（从右至左）—坝后反滤体（集渗沟）—输水涵管出口—溢洪道—近坝岸坡—其他管理和保护范围。

（3）巡查项目。小型水库巡查项目可参照《广东省水利工程巡查细则》执行。检查范围包括坝体、坝基、坝区、输泄水洞（管）、溢洪道、工程结合部、闸门及金属结构、白蚁危害、监测设施、工程管理和保护范围、水体水质、库内漂浮物以及近坝岸坡。

图 17　渔公洞水库巡查路线图

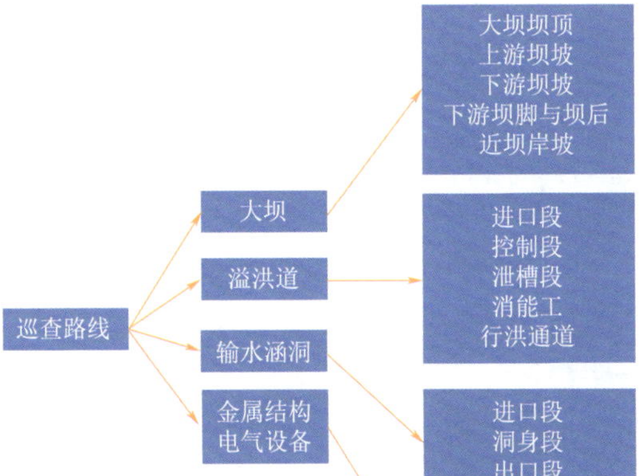

图 18　大坝巡查重点部位

（a） 巡查路线指引

（b） 巡查点标记

图 19 巡查路线指引和巡查点标记

图 20 大坝巡查重点部位

图 21　溢洪道巡查重点部位

图 22　输水涵巡查重点部位

（4）巡查记录及上报。

1）巡查人员应使用省级开发的或能与省级平台互联互通的巡查软件实施巡查，现场不具备上网条件的，可采用APP离线记录或纸笔记录，巡查结束后，应及时将巡查记录上传。小型水库巡视检查记录表见附录5。

2）巡查人员发现险情时应立即向管理单位负责人和技术责任人报告。

3）管理单位应定期对原始巡查记录加以整编和分析，有条件的管理单位，可委托第三方专业机构对资料进行整编分析。发现异常情况应及时上报，派专人到现场核查，并做好应急处置准备。

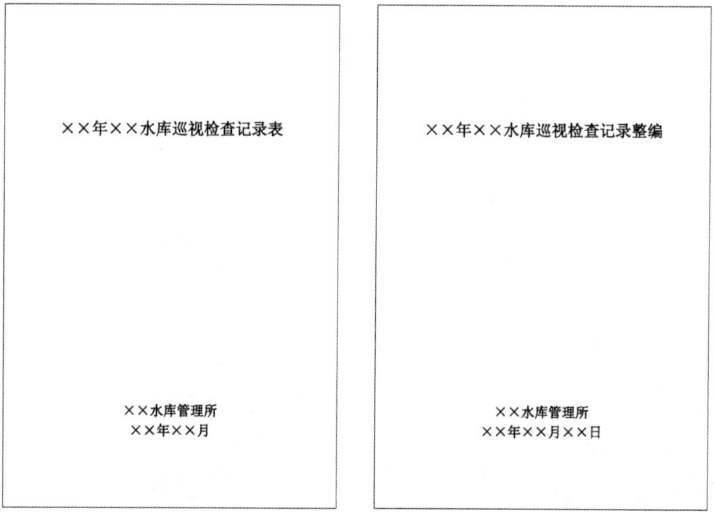
××年××水库巡视检查记录表

××水库管理所
××年××月

××年××水库巡视检查记录整编

××水库管理所
××年××月××日

图23　巡查记录

3.2　维修养护

3.2.1　水工建筑物

（1）水工建筑物线直面平，结构完整、运行正常，无裂缝、破损、缺失、滑坡、孔洞、渗水、冲刷等缺陷或动植物危害，无积水、杂草、杂物等现象。

图 24　水工建筑物养护形象示例

（2）土石坝坝坡无大型灌木、荆棘、乔木等植物，大坝管理范围内无违章建（构）筑物。

图 25　土石坝坝坡养护形象示例

（3）混凝土拱坝、重力坝应做到坝面整洁，坝段无错动，坝体无影响大坝结构安全的裂缝和渗漏，排水孔渗漏水质水量正常，坝基、基岩与坝肩岸坡稳定，防浪墙完整，无异常绕渗。

图 26　混凝土坝养护形象示例

（4）溢洪道无行水障碍物，无人为加高溢洪道底坎高程现象。

图 27　溢洪道养护形象示例

（5）坝面出现的坑洼、雨淋沟、坑凹或混凝土表面存在剥蚀、冲刷、风化或局部裂缝等明显影响外观的缺陷，应在 1 周内修复或在 2 个月内集中修复。若缺陷可能危及大坝安全的，应立即修复，及时消除安全隐患。

图 28　坝面养护形象示例

（6）坝坡草皮草生长高度控制在 20cm 以下，每季度应至少割草并清理杂草 1 次。

图 29　草皮护坡养护形象示例

(7) 溢洪道、排水沟（管）的淤泥、杂物，应在3天内完成清理；排水孔发生堵塞现象的，应在1周内完成处理。

图30 排水沟养护形象示例

(8) 集水井、廊道发现杂物的，应在2天内完成清理或每周集中清理。

(9) 边坡与岸坡应保持整体稳定、防护有效，无岩土体松动、掉块、坍塌等现象。

(10) 发现库面存在漂浮物时，应及时清理。

图31 水库水面保洁工作示例

3.2.2　金属结构和机电设备

（1）金属结构和机电设备防腐及时、保洁到位，润滑良好、启闭灵活，使用正常、运行安全。

（2）钢闸门应做到门体无变形，吊耳和销杆以及吊杆和连接螺栓结构完整、止水橡皮无老化开裂、润滑水供给正常、主轮和侧轮转动灵活、反向支撑结构完整、门槽无变形、刷漆完整、闸门启闭平稳。

图 32　闸门养护形象示例

（3）闸门每年维修保养不少于1次，保养时应清除表面水生物、泥沙、污垢等杂物，对闸门表面掉漆部位涂防锈漆，给运转部位加注润滑油。

（4）钢筋混凝土闸门应做到门体无破损或露筋、吊耳和销杆以及吊杆和连接螺栓完整、止水橡皮无老化开裂、门槽无变形、金属部件刷漆完整、闸门启闭平稳。

（5）卷扬式启闭机应做到机座稳定、机架无变形、钢丝绳无打结或折弯或部分压扁或断股、防腐润滑充分、卷筒无裂纹、齿轮啮合平稳、护罩可靠、减速箱齿轮啮合平稳、油位和油色正常、制动器动作灵敏可靠、电气及自动控制设备正常、启闭操作平稳。

图 33　卷扬式启闭机养护形象示例

（6）螺杆式启闭机应做到机座稳定、机架无变形、螺杆平直、齿面无损伤、制动器动作高度指示装置正常、上下行程开关动作灵敏可靠、电气及自动控制设备正常、启闭操作平稳。

（7）液压式启闭机应做到活塞杆平直光洁，液压缸无裂缝，无渗油，机座稳定，油泵油压正常，油管无渗油，油箱内液压、液位和油色正常，电气及自动控制设备正常，启闭操作平稳。

（8）启闭机每年维修保养不少于 1 次，螺杆、钢丝绳每年涂润滑油脂不少于 2 次。保养时应对启闭机表面清洁，涂防锈漆保护，保持连接件紧固，无松动现象；保持承重螺母或螺栓无裂纹、磨损现象；保持限位装置固定，无松动现象。

图 34　液压式启闭机养护形象示例

（9）闸门门体、门槽、行走支承一般每 3～5 年防腐处理 1 次。

（10）止水设施根据需要进行更换，一般每 3～5 年更换 1 次。

（11）钢丝绳应定期维护，一般每 5～10 年更换 1 次，发现断丝应及时更换。

（12）其他构件、设备部件受损的应及时更换。

3.2.3　其他建筑物及设施设备

（1）管理设施应能保持功能正常，标牌醒目、清晰完整，防汛道路平整，交通安全通畅，环境整洁。

（2）管理用房及启闭机室干净整洁，无抹灰脱落、杂物堆积、渗漏水、电线杂乱等现象。

（3）监测设施应保持外观完好，能正常使用，精度满足规范要求，不满足要求时应及时修复或更换。

3.2.4 维修养护记录

应做好水库维修养护记录，定期对其进行整编。小型水库维修养护记录表参见附录 6。

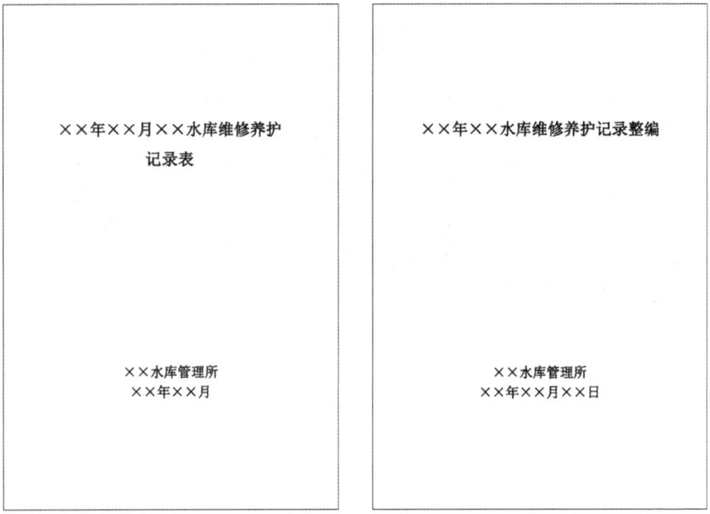
××年××月××水库维修养护记录表

××水库管理所
××年××月

××年××水库维修养护记录整编

××水库管理所
××年××月××日

图 35 维修养护记录示例

3.3 调度运用

3.3.1 调度运用方案

(1) 管理单位要根据水库自身实际情况，按照“兴利服从防洪、电调服从水调、汛期非汛期并重”的原则，组织编制水库调度运用方案或调度规程，并按照隶属关系报上级主管部门审批。小型水库调度运用方案编制指南见附录 16。

（2）因水库工程情况或设计洪水、径流量、库容、泄洪能力、下游河道安全泄量等基本数据发生重大变化，需要改变水库设计调度运用指标时，应及时修订调度运用方案并重新报批。

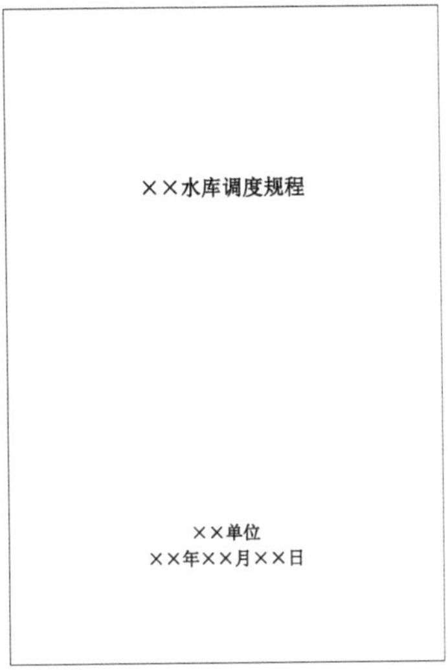
××水库调度规程

××单位
××年××月××日

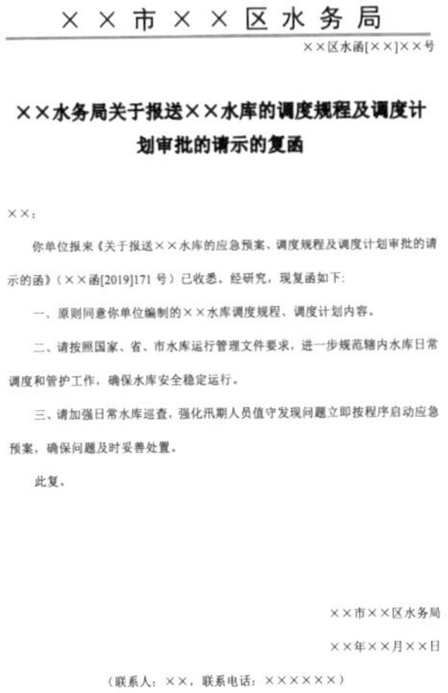
××市××区水务局

××区水函[××]××号

××水务局关于报送××水库的调度规程及调度计划审批的请示的复函

××：

你单位报来《关于报送××水库的应急预案、调度规程及调度计划审批的请示的函》（××函[2019]171号）已收悉，经研究，现复函如下：

一、原则同意你单位编制的××水库调度规程、调度计划内容。

二、请按照国家、省、市水库运行管理文件要求，进一步规范辖内水库日常调度和管护工作，确保水库安全稳定运行。

三、请加强日常水库巡查，强化汛期人员值守发现问题立即按程序启动应急预案，确保问题及时妥善处置。

此复。

××市××区水务局

××年××月××日

（联系人：××，联系电话：××××××）

图 36　调度规程编制及报批示例

3.3.2　年度调度运用计划

（1）管理单位应根据水库调度运用方案或调度规程编制年度调度运用计划，报上级主管部门审批。

（2）管理单位应根据批准的年度调度运用计划或按照有防洪调度权限单位下达的指令进行水库的调度运用。

3.3.3　蓄水管理

（1）新建或除险加固水库初次蓄水的，应完成蓄水验收并编制初期蓄水方案，经批准后实施。

（2）水库初期蓄水期应加密巡查和监测的频次，突出穿（跨）坝建筑物、结合部、溢洪道、大坝前后坡面、坝坡脚、启闭设备等关键部位的巡查，并做好监测和巡查记录，进行必要的资料分析。

（3）水库主管部门和管理单位应加强初期蓄水期的安全值守工作，对高水位等重要蓄水时段应实行24小时不间断值守。

（4）任何单位和个人不得采取抬高溢洪道底坎高程等措施超标准蓄水。水库管理单位不得擅自在批准的控制水位以上蓄水运行，严禁超设计标准蓄水。

3.4 操作运行

（1）管理单位应根据工程实际，制定闸门（阀门）、启闭机及其他机电设备操作规程，并上墙明示。小型水库闸门启闭机操作运行规程示例见附录15。

（2）管理人员应严格按照已制定的操作规程及操作指令操作闸门、启闭设备。

（3）有闸门控制的水库，放水前应按照批准的放水预警方案向下游影响区域发出警报。

（4）闸门操作应由专人按已制定的操作步骤进行操作，并做好操作记录。小型水库闸门启闭机操作运行记录表参见附录7。现地操作时宜有2人及以上进行，1人负责操作，另外1人负责指挥和监视。

（5）闸门启闭前，应对启闭设备、闸门位置、仪表、电源、动力、上下游水位、流量及流态以及有无人员、船只、漂浮物或其他影响行水的障碍物等进行检查。

（6）隧洞或涵管在输水期间，要经常注意观察和倾听洞内有无异样响声，尽量避免在明满流交替情况下工作。

（7）在操作运行过程中发生异常现象应立即停止作业程序，细心检查，找出原因，处理好以后方可继续操作。

图 37　闸门启闭机现地操作示例

图 38　闸门启闭机操作示例

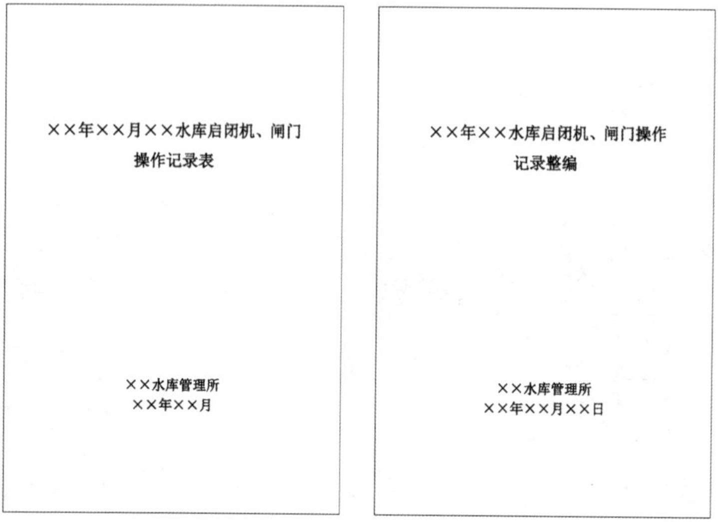

××年××月××水库启闭机、闸门操作记录表

××水库管理所
××年××月

××年××水库启闭机、闸门操作记录整编

××水库管理所
××年××月××日

图 39　闸门启闭机操作记录手册示例

3.5　白蚁防治

（1）白蚁防治遵循“安全环保、防治结合、综合治理、持续防控”的原则。管理单位每年要制定白蚁防治计划，管理人员负责白蚁蚁害巡查和预防，发现存在明显蚁害安全隐患时，可委托专业白蚁防治公司进行处理。

（2）白蚁蚁害检查时应对水库大坝各部位及邻近大坝的蚁源区进行全面的检查，每年至少进行 2 次全面检查，检查时间一般为 4 月—6 月和 9 月下旬—11 月下旬。

（3）白蚁蚁害检查时应特别观察坝体湿坡、散浸、漏水、跌窝等现象，对白蚁活动留下的痕迹或真菌指示物等应做好记录，并设置明显标记或标志。

（4）检查结束后，应对白蚁及其他动物危害进行全面分析，初步评估危害程度及后果，有针对性地制定防治方案。

图 40　白蚁防治示例

（5）管理单位应及时清除坝坡、两岸山坡及蚁源区白蚁喜食的物料，消除白蚁繁殖条件，并在白蚁分飞期（4—6 月）减少坝区灯光。

（6）白蚁蚁害治理可参照《广东省水利厅关于水利工程白蚁防治的管理办法》（粤水办〔2015〕6 号）执行。

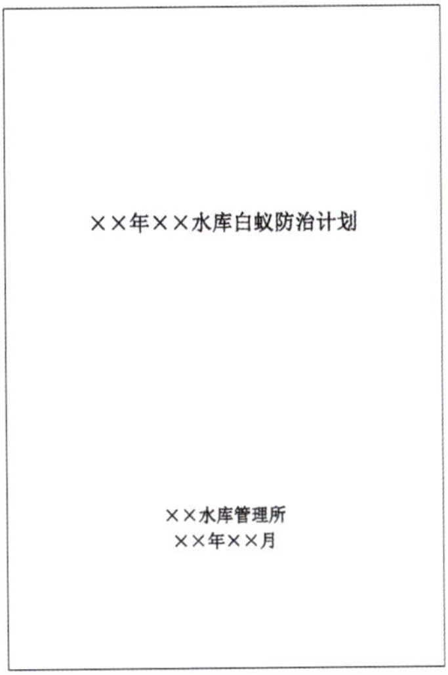
××年××水库白蚁防治计划

××水库管理所
××年××月

图 41　白蚁防治计划

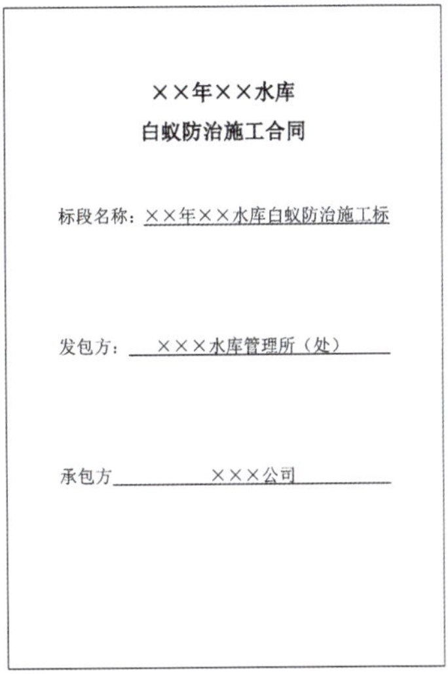
××年××水库
白蚁防治施工合同

标段名称：××年××水库白蚁防治施工标

发包方：×××水库管理所（处）

承包方　×××公司

图 42　委托专业单位开展白蚁防治

3.6　档案管理

（1）管理单位应建立档案管理制度，配置档案管理的场所或档案柜。应逐步实现档案数字化、信息化管理。

（2）档案内容主要包括水库建设阶段的各项资料、安全鉴定和除险加固资料、运行管理各项制度和记录资料、安全责任人履职情况、隐患排查治理台账、防汛抢险等资料。

（3）管理单位应每年对运行管理资料进行整理汇编，分类装订成册，及时归档。

图 43　档案管理示例

4 安全管理

4.1 安全责任制

（1）建立以地方人民政府行政首长负责制为核心的大坝安全责任制。每年年初，水库主管部门应明确大坝安全政府责任人、主管部门责任人和管理单位责任人“三级责任人”名单，并在相关媒体公示。

（2）防汛抗旱工作实行以行政首长负责制为核心的责任制。每年汛前，各个小型水库应明确行政责任人、技术责任人、巡查责任人“三个责任人”名单，技术责任人应具备水利相关专业知识能力，一般由乡镇水利站（所）技术人员或县级水利局技术人员担任。同时行政、技术、巡查责任人应在大坝明显位置设立公告牌公示。

XXX水库防汛安全责任人

	姓名	单位	职务	联系方式
防汛行政责任人				
防汛技术责任人				
防汛巡查责任人				

XXX水库大坝安全责任人

	姓名	单位	职务	联系方式
政府责任人				
主管部门负责人				
管理单位负责人				

图 44　责任人标牌示例

（3）管理单位应建立安全生产责任制度，成立以管理单位主要领导为第一责任人的安全生产领导小组，明确安全生产专（兼）职人员，每年年初各级安全生产责任人之间应签订安全生产责任书。安全生产专（兼）职人员应负责水库日常安全生产、水库涵养区森林防火、工程区防恐等职责。管理单位应及时更新完善相关安全生产设施和条件，备足劳保用品，确保人员和设备作业安全。

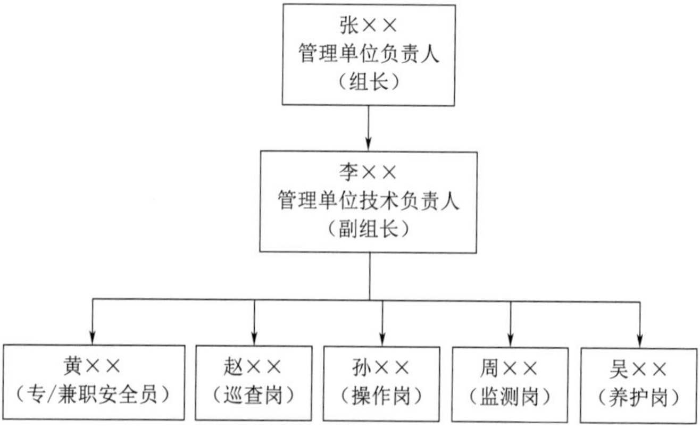

图 45　安全生产领导小组示例

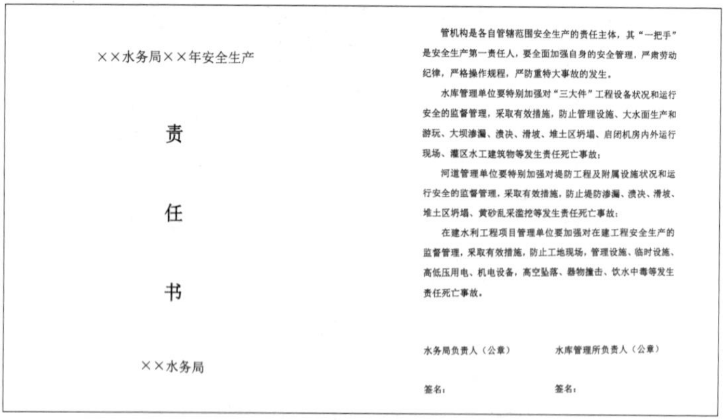

××水务局××年安全生产

责

任

书

××水务局

管机构是各自管辖范围安全生产的责任主体，其“一把手”是安全生产第一责任人，要全面加强自身的安全管理，严肃劳动纪律，严格操作规程，严防重特大事故的发生。

水库管理单位要特别加强对“三大件”工程设备状况和运行安全的监督管理，采取有效措施，防止管理设施、大水面生产和游玩、大坝渗漏、溃决、滑坡、堆土区坍塌、启闭机房内外运行现场、灌区水工建筑物等发生责任死亡事故；

河道管理单位要特别加强对堤防工程及附属设施状况和运行安全的监督管理，采取有效措施，防止堤防渗漏、溃决、滑坡、堆土区坍塌、黄砂乱采滥挖等发生责任死亡事故；

在建水利工程项目管理单位要加强对在建工程安全生产的监督管理，采取有效措施，防止工地现场，管理设施、临时设施、高低压用电、机电设备，高空坠落、器物撞击、饮水中毒等发生责任死亡事故。

水务局负责人（公章）　　水库管理所负责人（公章）

签名：　　签名：

图 46　安全生产责任书示例

4.2 安全鉴定

（1）水库大坝实行定期安全鉴定制度。水库大坝在新建、改（扩）建、除险加固工程完成并蓄水验收或投入使用后5年内应进行首次大坝安全鉴定，以后应每隔6～10年进行1次；遭遇特大洪水、强烈地震、重大工程事故或出现影响安全的异常现象后，应及时组织专门的安全鉴定。

（2）水库主管部门负责组织开展大坝安全鉴定，水库管理单位承担具体工作。

（3）大坝鉴定为二、三类坝的，水库管理单位或主管部门应及时组织开展大修或除险加固工作，限期消除安全隐患。

（4）大坝鉴定为二、三类坝的，在实施除险加固前，管理单位应加强巡视检查与监测，及时修订水库安全应急预案，制定保坝措施和安全度汛措施，并限制蓄水，必要时放空运行。

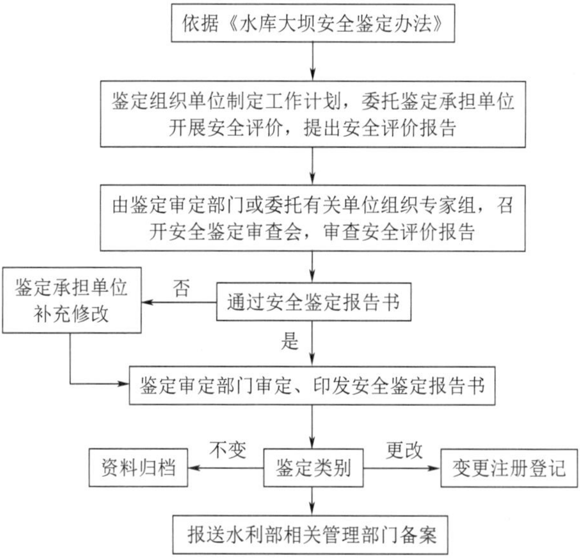

图47　安全鉴定流程图

××水库安全鉴定报告

××单位
××年××月××日

××市××区水务局

××区水函[××]××号

××水务局关于报送××水库安全鉴定报告审批的请示的复函

××：

你单位报来《关于报送××水库安全鉴定报告审批的请示的函》（××函[2019]171 号）已收悉。经研究，现复函如下:

一、原则同意你单位编制的××水库安全鉴定报告内容。

二、请按照国家、省、市水库运行管理文件要求，进一步规范辖内水库日常调度和管护工作，确保水库安全稳定运行。

三、请加强日常水库巡查，强化汛期人员值守发现问题立即按程序启动应急预案，确保问题及时妥善处置。

此复。

××市××区水务局

××年××月××日

（联系人：××，联系电话：××××××）

图 48　组织安全鉴定及报批示例

4.3　安全生产风险管控和隐患排查治理

（1）管理单位应建立完善安全生产风险分级管控制度，每年至少开展 1 次安全生产风险评估研判，标明水库主要安全风险名称、等级、所在部位、可能引发的事故隐患类别、事故后果、管控措施、应急措施及报告方式等内容。

（2）管理单位应制定安全生产隐患排查治理工作制度、台账和治理方案，对一般事故隐患，应当及时采取措施予以消除，对重大事故隐患应按有关规定实施挂牌督办，做到责任、措施、资金、时限和预案“五落实”，实现隐患排查治理自查、自改、自报的闭环管理。

图 49　安全隐患排查

4.4　应急预案

（1）管理单位或其主管部门应组织编制水库大坝安全管理应急预案或防汛抢险应急预案，并按照责权对等原则，由水库大坝安全政府责任人所在同级人民政府或由其委托防汛指挥机构批准或发布，并报上一级人民政府水行政主管部门和防汛指挥机构备案。小型水库大坝安全管理（防汛）应急预案编制指南见附录 17。

（2）预案编制应贯彻“以人为本、分级负责、预防为主、便于操作、协调一致、动态管理”的原则。

（3）预案应明确应急指挥机构相关人员的职责、联系方式和对应联系对象，明确抢险队伍的组成、任务、所需设备以及负责人及其联系方式。

（4）每年汛前对应急预案进行宣传、培训和演练，并做好相关记录。

（5）应根据情况变化，及时对应急预案进行修订和报批，修订预案应送达所有发放对象，并同时废止旧版本。

××水库应急预案

××单位
××年××月××日

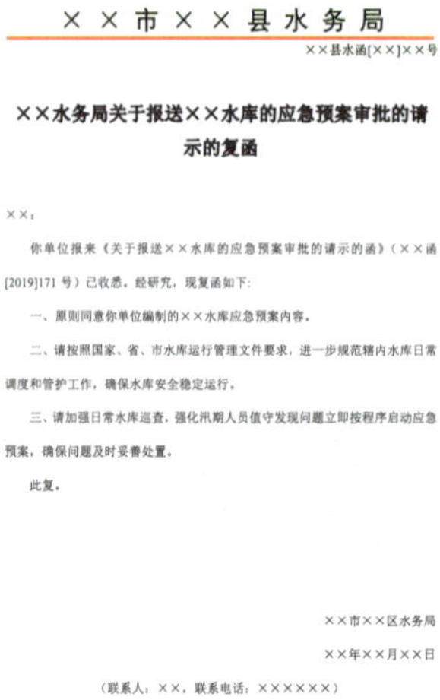

××市××县水务局

××县水函[××]××号

××水务局关于报送××水库的应急预案审批的请示的复函

××：

你单位报来《关于报送××水库的应急预案审批的请示的函》（××函[2019]171 号）已收悉，经研究，现复函如下：

一、原则同意你单位编制的××水库应急预案内容。

二、请按照国家、省、市水库运行管理文件要求，进一步规范辖内水库日常调度和管护工作，确保水库安全稳定运行。

三、请加强日常水库巡查，强化汛期人员值守发现问题立即按程序启动应急预案，确保问题及时妥善处置。

此复。

××市××区水务局

××年××月××日

（联系人：××，联系电话：××××××）

图 50　防汛预案编制及报批示例

图 51　防汛预案编制演练示例

4.5　防汛备汛

4.5.1　汛限水位

（1）每座小型水库均应根据工程实际设置汛限水位，并逐级上报各级水利部门备案。水库主管部门或管理单位对设计洪水、工程状况等发生变化需要调整汛限水位的水库，经研究论证后，提出汛限水位调整意见，报有审批权限单位批准；汛限水位有调整的，应于调整后1个月内上报有管辖权的监督管理单位。

（2）小型水库在汛期应严格控制库水位运行，科学调度，严禁擅自超汛限水位运行。

（3）每座小型水库均应做好汛限水位标识，可采用涂红色的不锈钢条、PVC板条等材料（宽度不小于10cm），并安装在大坝迎水坡或水位桩尺对应汛限水位的位置，且应在监控设备可以识别的范围内。

图52　汛限水位标线示例

4.5.2 防汛物资

（1）管理单位应储备必要的防汛物资，防汛物资种类、数量应符合相关规定，防汛物资储备可参考附录8。

（2）采用委托代储的，应与代储单位（个人）签订代储协议，并应明确防汛物资调运等内容。

（3）防汛物资应摆放整齐、堆放平整，并在周边设置标识标牌。

（4）管理单位应建立物资出入库管理台账，明确各类物资的规格（品种）、数量及质保期。对不符合要求的防汛物资应及时清理并更新。

4.5.3 备用电源

（1）采用电力控制闸门启闭的水库应配置柴油发电机等备用电源，功率应满足闸门启闭、应急照明等需要。

（2）备用电源宜靠近启闭设备，备用燃料充足、蓄电池供电可靠。

图53 防汛物资摆放示例

（3）备用电源应每月试运行不少于 1 次，汛前、汛后各带负荷试运行 1 次，并做好试运行记录。

图 54　防汛砂石料储备示例

图 55　防汛砂石料公示示例

图 56　备用电源示例

4.5.4　险情报告

水库管理人员发现突发险情时，应立即向水库主管部门报告，水库主管部门应在 1 小时内向上级水行政主管部门报告。情况紧急时，可越级上报。小型水库险情报告单见附录 9。

图 57　险情报告

5 信息化管理

5.1 信息化平台建设使用

（1）推进水利信息化与标准化融合，各地可直接使用省级开发建设的水利工程运行监管平台，也可自行开发。对于已建成或正在建设的运行管理平台，应与省级平台无缝对接，实现全省水库协同管理、动态监管。

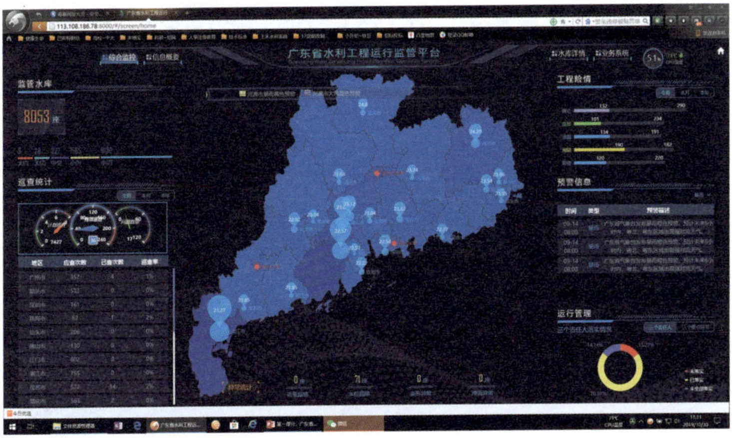

图 58　广东省水利工程运行监管平台

（2）水利工程运行监管平台应覆盖水库运行管理的全流程，具有基础数据录入、巡查作业跟踪、记录上传、信息汇总、技术诊断、预警报警等功能，达到各流程、各环节及关键点全过程标准化管理。

（3）水库管理人员均应使用省级开发的或能与省级平台互联互通的巡查软件，开展巡视检查、巡查记录上传、异常情况上报、指令传达等日常管理活动。

图 59　传统巡查模式与智能巡查模式区别

图 60　移动巡查 APP

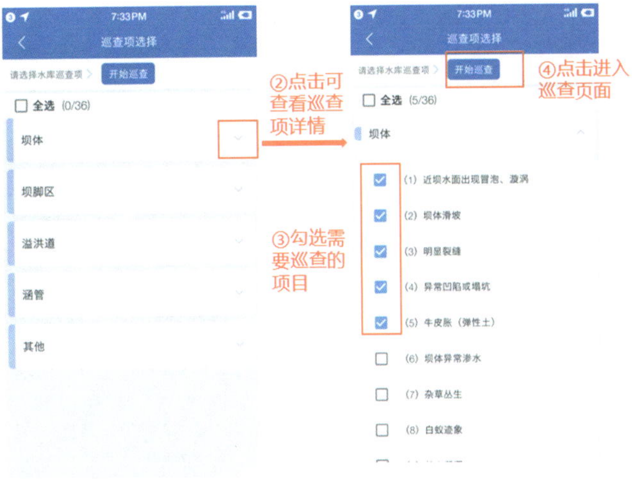

图 61　APP 巡查内容（与巡查表格保持一致）

……

图 62　APP 巡查路线

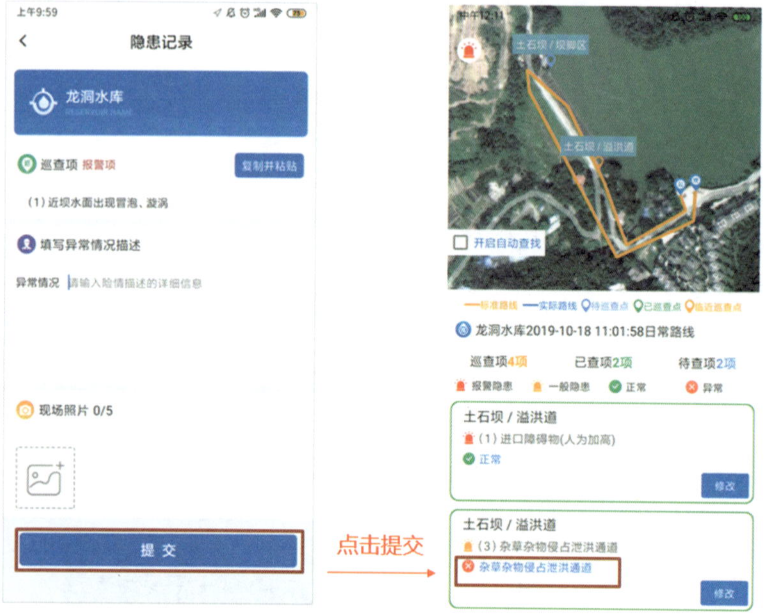

图 63　APP 巡查记录

（4）各级水行政主管部门、水库管理单位可通过水利工程运行管理平台及巡查软件，实时掌握“三个责任人”和“三个重点环节”落实情况，查看工程实时信息和巡查人员的履职情况，充分发挥信息化平台可追溯功能。

5.2　智能感知系统建设

（1）小（1）型水库和坝高 15m 及以上的小（2）型水库智能感知必设项目主要为库水位、降雨量、坝体外观（视频或图像）、渗流量，简称“四要素”。

坝高小于 15m 的小（2）型水库智能感知必设项目主要为库水位、降雨量、坝体外观（视频或图像），简称“三要素”。

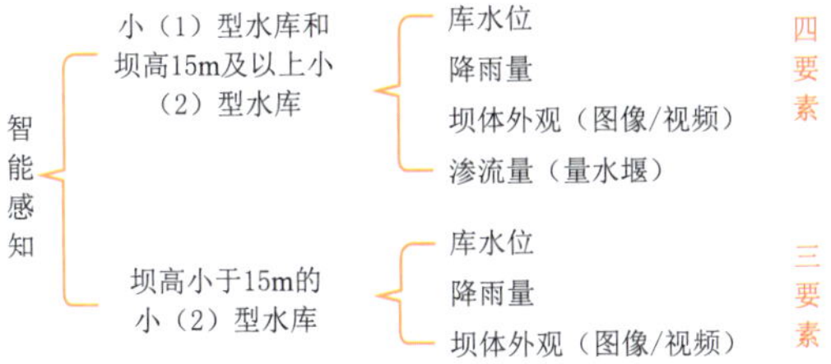

图 64　智能感知必设项目分类

（2）库水位、降雨量和坝体外观（视频或图像）可集中于“一杆式装置”，一般安装在坝顶靠上游侧，实现数据实时感知、自动传输。小型水库智能感知“一杆式装置”示意图见附录10。

图 65　一杆式智能感知设备

（3）渗流量感知原则上应采用自动化监测，可通过线缆集成于“一杆式装置”。

（4）智能感知数据均应接入“广东省政务云”和省级开发建设的水利工程运行监管平台。小型水库运行管理信息化数据接入方式要求见附录 11。

（5）管理单位应定期对感知数据进行分析，发现异常变化时，应组织专业技术人员或委托有资质单位查明原因，及时采取有效应对措施。

5.3 数字水库建设

（1）充分利用现代信息技术，逐步建立数字水库，为日常运行管理和应急抢险提供大数据支撑。

（2）管理单位应将主要工程特征数据（坝型、坝高、坝长、溢洪道堰顶高程、校核水位、设计水位、正常水位、死水位、库容曲线、泄流能力曲线和发电装机容量等）录入工程基础数据库。

（3）管理单位应结合水库大坝定期安全鉴定等工作，将工程地质勘察资料、关键图纸、地形测量等资料文档电子化（PDF 文件、图片等），并导入工程基础数据库。

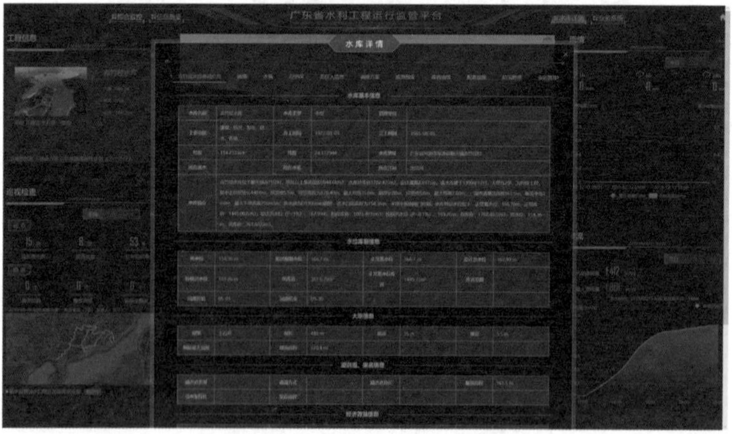

图 66　水利工程基础信息摸查

6

标准化达标

（1）广东省小型水库均应按照本指引要求开展标准化达标，同时按附录 12 的要求进行评审验收。

（2）标准化达标评审实行百分制，评审满分为 105 分。小型水库运行管理标准化达标结果分为四级，依据评审得分确定，具体标准为：

1）一级：总得分 90 分以上（含），且各类得分均不低于该类总分的 85%；

2）二级：总得分 80 分以上（含），且各类得分均不低于该类总分的 75%；

3）三级：总得分 70 分以上（含），且各类得分均不低于该类总分的 65%；

4）四级：不达标，总得分 70 分以下，或任何一类得分低于应得分的 60%。

（3）对运行管理三级达标单位，应加强日常运行管理，并限期提升到二级或以上；对运行管理四级不达标单位，按照有关规定建议采取限制运用、放空水库等措施确保工程安全。

7 主要依据

7.1 法律法规

（1）《中华人民共和国防洪法》；

（2）《中华人民共和国抗旱条例》；

（3）《水库大坝安全管理条例》；

（4）《广东省水利工程管理条例》；

（5）《广东省水库大坝安全管理实施细则》。

7.2 文件和规定

（1）《水库大坝注册登记办法》（水政资〔1997〕538号）；

（2）《水利工程管理考核办法》（水运管〔2019〕53号）；

（3）《水库大坝安全鉴定办法》（水建管〔2003〕271号）；

（4）《水利工程维修养护定额标准（试点）》（水办〔2004〕307号）；

（5）《综合利用水库调度通则》（水管〔1993〕61号）；

（6）《国务院办公厅转发国务院体改办关于水利工程管理体制改革实施意见的通知》（国办发〔2002〕45号）；

（7）《水利部关于加强水库安全管理工作的通知》（水建管〔2006〕131号）；

（8）《小型水库安全管理办法》（水安监〔2010〕200号）；

（9）《水利部关于进一步明确和落实小型水库管理主要职责及运行管理人员基本要求的通知》（水建管〔2013〕311号）；

（10）《水利部关于进一步加强水库大坝安全管理的意见》（水建管〔2018〕63号）；

（11）《水利部办公厅关于进一步做好水库大坝安全鉴定工作

的通知》（办建管〔2018〕71号）；

（12）《广东省水利厅 广东省财政厅关于印发〈关于深化小型水利工程管理体制改革的实施方案〉的通知》（粤水建管〔2014〕69号）；

（13）《广东省水利厅关于水利工程白蚁防治的管理办法》（粤水办〔2015〕6号）；

（14）《关于印发〈广东省水利工程巡查细则〉的通知》（粤水建管〔2015〕63号）；

（15）《关于印发〈广东省河湖及水利工程界桩、标示牌技术标准〉的通知》（粤水建管函〔2016〕1292号）；

（16）《水利部关于印发小型水库防汛“三个责任人”履职手册（试行）和小型水库防汛“三个重点环节”工作指南（试行）的通知》（办运管函〔2020〕209号）。

7.3 技术标准

（1）SL 252《水利水电工程等级划分及洪水标准》；

（2）SL 706《水库调度规程编制导则》；

（3）SL/Z 720《水库大坝安全管理应急预案编制导则》；

（4）SL 106《水库工程管理设计规范》；

（5）SL 210《土石坝养护修理规程》；

（6）SL 224《水库洪水调度考评规定》；

（7）SL 230《混凝土坝养护修理规程》；

（8）SL 258《水库大坝安全评价导则》；

（9）SL 298《防汛物资储备定额编制规程》；

（10）SL 551《土石坝安全监测技术规范》。

附录1　小型水库管理人员岗位职责表

附表1.1　　　　小型水库管理人员岗位职责表

序号	岗位类型	岗位职责	备　注
1	巡查岗	开展工程的日常巡视检查	
2	养护岗	开展工程日常除草、清杂、保洁、维养	
3	操作岗	开展工程日常的闸门启闭、斜涵等蓄放水操作	其中闸门操作工、电工需持证上岗
4	监测岗	开展工程日常水雨情、工情观测	

注　1. 未实行物业化管护的小型水库，管理人员应自行组织开展巡视检查、维修养护、操作运行、安全监测等工作。

2. 实行物业化管护的小型水库，物业化管理人员上岗前应按工种进行培训，具备相应能力后方可上岗，且上岗后应定期培训。

附录2　小型水库维修养护定额标准参考表

根据水利部、财政部制定的《水利工程维修养护定额标准（试点）》（2004年5月）表5.1、表5.3，在小型水库工程基本维修养护项目定额标准（坝长600m、坝高35m、2扇闸门）基础上，对土石坝、混凝土坝按不同坝长、坝高和溢洪道控制方式分类进行调整测算，得出不同规模的工程基本维修养护项目定额标准见附表2.1。

附表2.1　小型水库工程基本维修养护项目分类定额标准参考表

单位：元（座·年）

坝型	开敞式溢洪道				闸门控制溢洪道			
土石坝	分类	坝高＝30m	坝高＝20m	坝高＝10m	分类	坝高＝30m	坝高＝20m	坝高＝10m
	坝长＝300m	91099	60733	30366	坝长＝300m	108007	72005	36002
	坝长＝200m	60733	40489	20244	坝长＝200m	72005	48003	24002
	坝长＝100m	30366	20244	10122	坝长＝100m	36002	24002	12001
混凝土坝	分类	坝高＝30m	坝高＝20m	坝高＝10m	分类	坝高＝30m	坝高＝20m	坝高＝10m
	坝长＝300m	105741	70494	35247	坝长＝300m	122649	81766	40883
	坝长＝200m	70494	46996	23498	坝长＝200m	81766	54511	27255
	坝长＝100m	35247	23498	11749	坝长＝100m	40883	27255	13628

注　1. 其他坝高、坝长的工程基本维修养护定额可采用插值法计算。

2. 各地可依据区域差异制定地方维修养护定额标准，但不得低于省级标准。

附录 3　小型水库制度分类及编制内容

附表 3.1　　　　小型水库制度分类及编制内容

序号	制度名称	编　制　内　容
1	巡视检查制度	明确工程检查的组织、线路、频次、内容、方法、记录、分析、处理、报告等要求
2	安全监测制度	明确工程监测和水文观测的内容、时间、频次、方法、数据校核与处理、资料整编归档、异常分析报告，以及视频监视的时间、频次、信息报送、异常报告、资料保存备份等要求
3	调度运行制度	明确洪水预报、水库调度、放水预警、调度实施、调度总结（洪水调度考评）、调度记录、信息报送等要求
4	操作运行制度	明确各类金属结构与机电设备的运行规则、操作方式、工作准备、操作程序
5	维修养护制度	明确日常维护项目的内容、方式、频次、质量标准、考核，以及专项维修项目实施的程序、检查、验收等要求
6	防汛物资管理制度	明确防汛物资储备的种类、数量、分布以及储存、保管、更新、调运等要求
7	应急抢险及报告制度	明确应急组织体系，运行机制，应急保障，险情报告，宣传、培训和演练的要求
8	岗位责任制度	明确各水库运行管理岗位的岗位职责、上岗条件、工作考核、教育培训等
9	防汛值班制度	明确汛期值班的人员安排、工作内容、信息传递、值班记录、交接班手续等要求，并满足暴雨台风期 24 小时值班规定

续表

序号	制度名称	编　制　内　容
10	大事记制度	重点记载水库逐年运行最高水位和泄量，运行中出现的异常情况，遭遇特大洪水、地震、异常干旱等极端事件，历次安全鉴定结论和加固改造情况，督查、稽查等情况
11	档案管理制度	明确与运行管理有关的文书、科技、声像等各类档案资料的收集、分类、整编、归档、保存、借阅、归还、保密等要求

注　巡视检查、操作运行、岗位责任、防汛值班等制度应上墙明示。

附录 4　小型水库标识标牌设置要求

附表 4.1　　标识标牌设置要求

标识标牌类型		设置位置	标识标牌设计参数
公告类（5种）	工程简介标牌	工程主要建筑物附近醒目位置	标识标牌采用蓝底、白字，不锈钢、铝板、耐候钢板、铜版纸、仿木、花岗岩、混凝土等材质，尺寸不小于1200mm×800mm
	责任人标牌	工程主要建筑物附近醒目位置	
	水法规宣传牌	工程主要建筑物附近、各工程进出口醒目位置	
	管护范围公示牌	工程区域及其管理范围或保护范围醒目位置	按《广东省河湖及水利工程界桩、标示牌技术标准》要求
	界桩	管理范围边界位置	
警示类（5种）	深水警示牌	泄洪设施进、出口；库区可直达水面的通道口	警示牌采用黄底、黑字，不锈钢、铝板、耐候钢板、铜版纸、仿木、混凝土等材质，尺寸不小于500mm×400mm
	坠落警示牌	溢洪道等临崖、临空部位	
	滑坡警示牌	高陡边坡坡脚及可能的滑坡覆盖区域	
	警示标线	启闭设备、电气设备、重要仪器设备等周边	户外用黄色警示标线，线宽100mm；室内用黑黄相间警示标线，宽50mm
	汛限水位标线	大坝迎水坡、水位桩尺等位置，摄像头可识别范围内	涂红色的不锈钢条或PVC板条，宽度不小于100mm

续表

标识标牌类型		设置位置	标识标牌设计参数
指引类（3种）	监测设施名称牌	监测设施、测点表面或周边醒目位置	指示牌采用蓝底、白字，铜版纸、金属、仿木、塑料等材质，尺寸不小于300mm×150mm
	巡视检查工作线路指引牌	巡视检查、观测线路主要路径、节点醒目位置	
	巡视检查平面布置示意图	工程主要建筑物附近醒目位置	标识标牌采用蓝底、白字，铜版纸、金属、仿木、混凝土等材质，尺寸不小于1200mm×800mm
制度类（5种）	巡视检查	值班室、办公室、操作室墙上等醒目位置	标识标牌采用蓝底、白字，铜版纸、亚克力、PVC板等材质，尺寸不小于1200mm×600mm
	操作运行		
	岗位责任		
	防汛值班		
	档案管理		

附录5　小型水库巡视检查记录表

附表5.1　　　　小型水库巡视检查记录表

日期：______年____月____日　　　库水位：____m　　　天气：________

检查项目	检查内容	异常问题描述	备注
坝体（坝顶，防浪墙，上、下游坝坡）	（1）近坝水面出现冒泡、漩涡		报警项
	（2）坝体滑坡		报警项
	（3）明显裂缝		报警项
	（4）异常凹陷或塌坑		报警项
	（5）牛皮胀（弹性土）		报警项
	（6）坝体异常渗水		一般项
	（7）杂草丛生		一般项
	（8）白蚁迹象		一般项
	（9）蚁穴鼠洞		一般项
	（10）坝体雨淋冲沟		一般项
	（11）近坝岸坡崩塌及滑坡等迹象		一般项
	（12）标识标牌严重破损或缺失		一般项
	（13）垃圾围坝		一般项

续表

检查项目	检查内容	异常问题描述	备注
坝脚区	（1）异常渗漏（喷水、浊水、管涌等）		报警项
	（2）堆石反滤体完整性		一般项
	（3）堆石反滤体异常变形		一般项
	（4）排水沟堵塞		一般项
泄水设施（溢洪道等）	（1）进口障碍物（人为加高）		报警项
	（2）闸门无法正常启闭		报警项
	（3）杂草杂物侵占泄洪通道		一般项
	（4）岸坡危岩崩坍		一般项
	（5）边墙异常变形		一般项
	（6）溢流面混凝土面板异常变形或严重破损		一般项

续表

检查项目	检查内容	异常问题描述	备注
输水设施（涵管等）	（1）输水管出口与坝体接触部位有异常渗漏		报警项
	（2）进口附近水面冒泡、漩涡现象		报警项
	（3）出口异常出水		一般项
	（4）出口冲蚀		一般项
	（5）管身严重破损		一般项
	（6）启闭设施异常		一般项
其他	（1）水体颜色异常		一般项
	（2）水体发臭		一般项
	（3）违规网箱养殖		一般项
	（4）库区倾倒垃圾		一般项
	（5）监测及观测设施异常		一般项
	（6）防汛抢险砂石料缺失		一般项
	（7）侵占水库管理范围活动		一般项
注　1. 本表应使用省级开发的或能与省级平台互联互通的巡查软件直接录入。 2. 对于巡查发现的异常问题应拍照留存。 3. 巡查发现存在报警项的，应在1小时内报告管理单位负责人和技术责任人。			

巡查人员签名：　　　　　　　　　　负责人签名：

附录 6　小型水库维修养护记录表

附表 6.1　　　　小型水库维修养护记录表

年　月　日		天气：		
设施设备名称				
主要参数				
养护、维修原因				
工作内容				
工作完成情况				
遗留问题				
维修单位		验收单位		
维修负责人		验收人员		
维修时间		验收时间		
备注				

附录 7　小型水库闸门启闭机操作运行记录表

附表 7.1　　　小型水库闸门启闭机操作运行记录表

序号	闸门名称及编号	开启时间	关闭时间	启闭开度	设备运行情况（正常/不正常/其他）	发令人	操作人	水库水位/m	下游水位/m	出闸流量/(m^3/s)
1										
2										
3										
4										
5										
6										
7										
8										
9										
10										
11										
12										
13										
14										
15										
16										
17										

附录 8　小型水库防汛物资储备表

附表 8.1　　　　　小型水库防汛物资储备表

工程规模	抢险物料					救生器材		小型抢险机具				
	袋类/条	土工布/m^2	砂石料/m^3	块石/m^3	铅丝/kg	桩木/m^3	救生衣/件	抢险救生舟/艘	发电机组/kW	便携式工作灯/只	投光灯/只	电缆/m
小（1）型	4500	2000	500	500	500	1	50	1	10	10	1	150
小（2）型	1500	800	200	150	200	0.5	20	*	5	5	1	50

注　1. 块石和砂石料储备视水库大坝工程情况和抢险需要在总量范围内可以互相调整。

2. 本表所列为每座水库大坝防汛物资储备单项品种基数表。每座水库防汛物资储备单项品种储备数量＝防汛物资储备单项品种基数×大坝安全状况调整系数×坝长调整系数×坝高调整系数。

3. 大坝安全状况调整系数：大坝安全类别为一类坝时，调整系数为 1.0；大坝安全类别为二类坝时，调整系数为 1.5；大坝安全类别为三类坝时，调整系数为 2.5。

4. 坝长调整系数：坝长小于 100m 时，调整系数为 0.7；坝长为 100～1000m 时，调整系数为 0.7～1.0；坝长为 1000～2000m 时，调整系数为 1.0～1.1；坝长大于 2000m 时，调整系数 1.2。

5. 坝高调整系数：坝高小于 15m 时，调整系数为 0.8；坝高为 15～30m 时，调整系数为 0.8～1.1；坝高为 30～50m 时，调整系数为1.1～1.35；坝高大于 50m 时，调整系数 1.5。

6. 有副坝时，副坝防汛物资储备单项品种基数取上表所列数值的 1/2 取值后单独计算。

7. 每座小（2）型水库宜配备 1 艘抢险救生舟。

附录 9　小型水库险情报告单

附表 9.1　　　　　　　小型水库险情报告单

填报时间：　　　　　　　填报人：　　　　　　　签发：（公章）

水库名称		所在位置	
建成时间		总库容	
大坝类型		最大坝高	
坝顶高程		汛限水位	
校核水位		当前水位	
出险时间		出险位置	

险情描述：

1. 雨情、水情。

2. 水库溃坝对下游的影响范围、人口及重要基础设施情况。

3. 险情现状及发展趋势分析。

4. 抢险情况。

（1）抢险组织情况

抢险组织、指挥，受威胁地区群众转移情况等。

（2）抢险措施及方案

抢险物资、器材、人员情况，已采取的措施及抢险方案。

5. 下一步工作建议。

附录 10 小型水库智能感知“一杆式装置”示意图

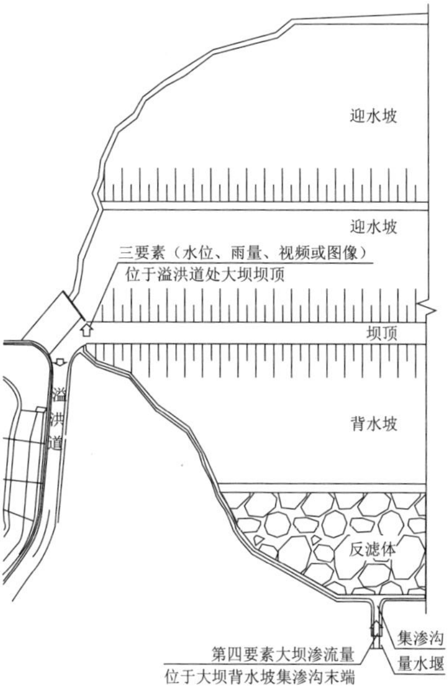

附图 10.1 “一杆式装置”平面布置示意图

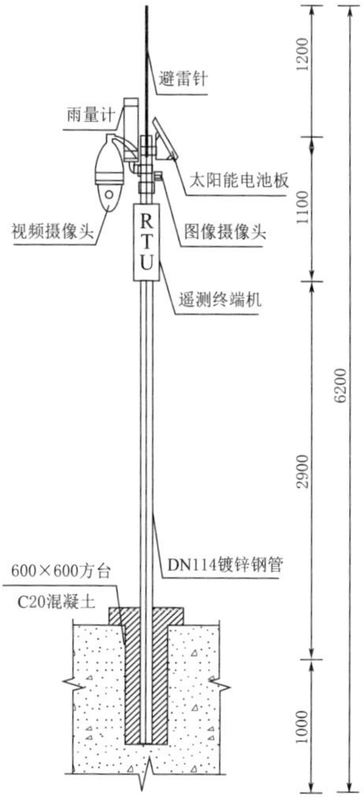

附图 10.2 “一杆式装置”大样示意图（单位：mm）

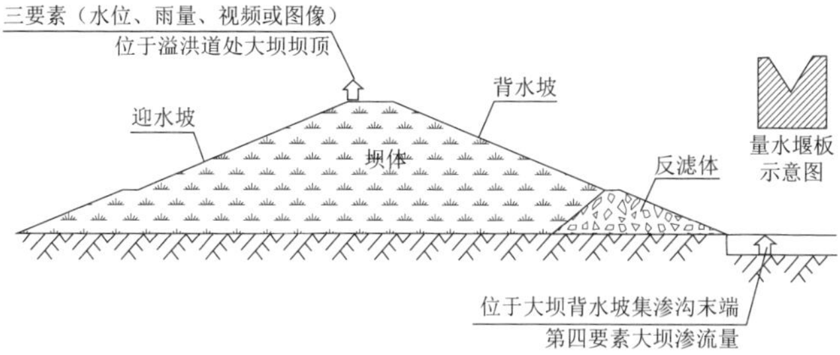

附图 10.3 “一杆式装置”断面布置示意图

附录11 小型水库运行管理信息化数据接入方式要求

一、省级平台

各市县可通过申请开通账号访问电脑版系统或手机APP。

广东省水利工程运行监管平台网址：http://210.76.80.49:8000。

巡查软件APP

适用于所有区域使用（支持离线）

小型水库企业微信

适用于通讯信号覆盖好的区域使用

巡查软件APP下载地址：http：//210.76.80.49：8000/data/apks/xcapp_v_d.apk。

软件使用说明书下载地址：http：//210.76.80.49：8000/data/files/xcapp_help.pdf。

二、自行开发平台与省级对接方式

地方自行开发建设的运行管理平台应将数据传输到广东省政务云，采集接收软件对数据进行接收并入库；政务云同时提供数据接口的方式，接入已在地方服务器接收的数据。

三、上报数据内容

小型水库日常管理上报信息化数据：

1 静态数据

1.1 基本信息：水库注册登记号、水库名称、水库位置、水库概况。

1.2　主要特征数据：坝型、坝高、坝长、溢洪道堰顶高程、校核水位、设计水位、正常水位、死水位、库容曲线、泄流能力曲线和发电装机容量等。

1.3　档案资料：地质勘察、关键图纸、地形测量等资料（PDF、图片等）。

2　动态数据

2.1　监控监测数据：库水位、降雨量、坝体外观（视频或图像）、渗流量。

2.2　巡查数据：巡查人员、巡查时间、巡查类型（日常、定期、特别）、巡查路线、巡查项目结果记录（包含异常情况图片）。

2.3　险情上报：险情部位、险情时间、险情描述、险情图片/视频/语音。

四、上报数据格式

报文格式上采用通用 JSON 格式文本信息；现场照片或文件类上报内容，使用 HTTP 文件流形式上报。

五、上报数据接口

数据接口采用基于 HTTPS 协议的 REST 接口。

附录 12　小型水库安全运行管理标准化达标考核指标

附表 12.1　　小型水库安全运行管理标准化达标考核指标

类别	项目		评审内容	标准分	赋分原则	赋分解释
基础管理（35分）	1	责任主体与管理单位	明确责任主体。 明确管理单位。 落实管理职责	3	1. 未明确责任主体的，扣3分。 2. 未明确管理单位的，扣2分。 3. 管理单位职责不落实的，扣2分。 扣完为止	1. 明确责任主体（三级责任人是否符合要求，是否公示，是否履职，每1项1分），复核公示文件、履职证明材料（照片、检查记录、签名）。 2. 第1条已考评，不再扣分。 3. 管理单位职责（参考《广东省小型水库安全运行管理标准化工作指引（试行）》，以下简称《工作指引》），检查以下4项内容：制度及计划；日常运行管理记录（日常巡查、维修养护、操作运行、安全监测、预警预报）；调度与预案及安全鉴定；岗位分工与培训及考核。每项满分0.5分

续表

类别	项目		评审内容	标准分	赋分原则	赋分解释
基础管理（35分）	2	管理人员	每座小（1）型水库配备管理人员不少于2名，每座小（2）型水库配备管理人员不少于1名。管理人员年龄不大于60周岁，具有初中以上文化水平，身体健康，责任心强。每年至少接受1次上级主管部门组织的业务培训，并考核合格	5	1. 未配备管理人员的，扣5分。 2. 管理人员人数不满足要求的，扣3分。 3. 管理人员条件不满足要求的，扣2分。 4. 未按规定接受培训的，扣2分。 扣完为止	1. 检查是否有三定文件/物业化管理协议/委托管理合同，以上三项皆无，扣5分。 2. 核实管理人员数量，每座小（1）型水库配备专职管理人员不少于2名，每座小（2）型水库配备专职管理人员不少于1名，不满足要求的，扣3分。 3. 现场复核管理人员身份证、学历证明，不满足要求的，扣2分。 4. 核实管理单位提供的接受培训资料，未按规定接受培训的，扣2分
	3	管理经费	管理人员经费按时足额到位，且原则上不得低于当地政府颁布的最低工资标准。编制本工程年度日常维修养护经费预算，上报上级主管部门审批，且维修养护经费按时足额到位	5	1. 管理人员经费未落实的，扣4分。 2. 管理人员经费未足额到位的，扣2分。 3. 维修养护经费未落实的，扣3分。 4. 维修养护经费未足额到位的，扣2分。 扣完为止	1. 核实管理人员收入情况，无管理人员经费的，扣4分。 2. 核实管理人员经费是否低于当地政府颁布的最低工资标准，是否按时发放，每项1分。 3. 检查是否编制维修养护经费预算；预算是否得到上级主管部门批复（无批复文件）；有无维修养护经费支付记录。每项1分。 4. 维修养护经费未足额到位的（参照《工作指引》附件2），按经费到位率给分，满分2分

续表

类别	项目		评审内容	标准分	赋分原则	赋分解释
基础管理（35分）	4	管理制度	根据工程实际编制各项规章制度。小型水库运行管理制度主要包括：巡视检查、安全监测、调度运行、操作运行、维修养护、防汛物资管理、应急抢险及报告、岗位责任制、防汛值班、大事记、档案管理等。 关键岗位制度在显著位置明示	5	1. 规章制度不健全，每缺1项扣1分。 2. 关键岗位制度未上墙明示的，每缺1项扣1分。 扣完为止	1. 规章制度，水库运行管理制度包括：巡视检查、安全监测、调度运行、操作运行、维修养护、防汛物资管理、应急抢险及报告、岗位责任制、防汛值班、大事记、档案管理等，不健全的，每缺1项扣1分。 2. 关键岗位制度，包括：巡视检查、操作运行、岗位责任、防汛值班、档案管理等，未上墙明示的，每缺1项扣1分
	5	注册登记	办理了水库大坝注册登记证书。 水库大坝注册登记的数据和情况应实事求是、真实准确，不得弄虚作假。 及时办理变更事项登记	3	1. 未办理注册登记证书的，扣3分。 2. 注册登记信息与实际数据不吻合的，扣2分。 3. 未及时办理变更事项登记的，扣1分。 扣完为止	1. 检查水库注册登记证书，未办理的，扣3分。 2. 检查小型水库大坝注册登记证书，坝型、坝高、库容或安全类别与实际不吻合的扣2分。 3. 水库改（扩）建、升降级、隶属关系等发生变化的，未在3个月内提交变更申请，扣1分

续表

类别	项目		评审内容	标准分	赋分原则	赋分解释
基础管理（35分）	6	确权划界	按规定划定工程管理范围和保护范围，备齐划界资料，在当地公示	4	1. 未向县级以上人民政府报请划定管理范围和保护范围的，扣4分。 2. 未全部完成划定管理范围的，扣3分。 3. 未全部完成划定保护范围的，扣2分。 4. 划界图纸资料不齐全的，扣2分。 扣完为止	1. 向县级以上人民政府报请划定管理范围和保护范围的，检查相关申请文件及批复文件，无相关文件的，扣4分；无确权划界公示材料的，扣1分。 2. 管理范围是否完全划定，未完成的，扣3分。 3. 保护范围是否完全划定，未完成的，扣2分。 4. 划界图纸资料不齐全的，扣2分
	7	管理设施	“三个重点环节”之水雨情测报（通信要求）： 小（1）型水库管理用房建筑面积一般不小于$30m^2$，小（2）型水库一般不小于$20m^2$。 小（1）型水库和坝高超过15m的小（2）型水库应具备两种以上有效通信手段，其他小（2）型水库应具备一种以上有效通信手段。 防汛道路路面应平整，宽度不应小于3.5m	5	1. 无管理用房的，扣2分。 2. 管理用房面积不满足要求的，扣1分。 3. 通信手段不满足要求的，扣2分。 4. 防汛道路不满足要求的，扣1分。 扣完为止	1. 无管理用房的，扣2分。 2. 现场检查及询问管理人员，不满足要求的，扣1分。 3. 通过现场检查不满足要求的，扣2分。 4. 现场检查不满足要求的，扣1分

续表

类别	项目		评审内容	标准分	赋分原则	赋分解释
基础管理（35分）	8	标识标牌	在管理范围和保护范围内设置足够数量的界桩、界牌。 管理范围和保护范围内设置的公告类、警示类、指引类、制度类等各类标识标牌齐全，数量满足要求	5	1. 主要建筑物和库区范围内未设置界桩（牌）的，扣1分。 2. 未设置工程简介公告牌的，扣1分。 3. 未设置安全责任人公告牌的，扣1分。 4. 未设置涉水安全警示牌的，扣1分。 5. 未设置巡视检查指引类标识标牌的，扣1分。 6. 监测及机电设施未设置标识标牌的，扣1分。 7. 标识标牌存在明显破损、字迹不清的，每处扣1分。 8. 标识标牌设置位置不合理的，扣1分。 扣完为止	1. 主要建筑物和库区范围内设置界桩（牌），现场检查无界桩（牌），扣1分。 2. 未设置工程简介公告牌的，扣1分。 3. 未设置安全责任人公告牌的，扣1分。 4. 未设置涉水安全警示牌的，扣1分。 5. 未设置巡视检查指引类标识标牌的，扣1分。 6. 监测及机电设施未设置标识标牌的，扣1分。 7. 未设置制度类公示牌的，扣1分。 8. 标识标牌存在明显破损、字迹不清的，每处扣1分

续表

类别	项目		评审内容	标准分	赋分原则	赋分解释
运行管理（30分）	9	巡视检查	按照规定的内容及频次进行巡视检查，并按照规定格式记录。 挡水建筑物若有渗漏、裂缝、塌陷、隆起、动物洞穴、蚁害等病险隐患，应及时记录并上报；输、泄水建筑物若有淤积或行洪障碍的，应及时记录并上报；闸门启闭设施若有损伤、锈蚀、变形、漏水、启闭困难的，应及时记录并上报。 水库管理人员应使用省级开发的或能与省级平台互联互通的巡查软件实施巡查	5	1. 未使用巡查软件开展巡视检查或无记录的，扣5分。 2. 巡视检查项目不齐全，每缺1项扣1分。 3. 巡视检查频次不满足要求的，扣1分。 4. 未按照规定格式记录的，记录简单、不清楚、不规范，并长时间未予纠正的，扣2分。 5. 巡查记录不真实，扣2分。 6. 检查人员未签名的，扣1分。 7. 发现问题未及时上报、处理的，每1次扣2分。 扣完为止	1. 未使用巡查软件开展巡视检查或无记录的，现场检查巡视检查记录表或检查巡视检查APP记录，无记录的，扣5分。 2. 巡视检查项目不齐全，含坝体、坝脚、泄水设施、输水设施及其他等5项，每缺1项扣1分。 3. 要求汛期每天不少于1次、非汛期每周不少于2次，不满足的，扣1分。 4. 未按《工作指引》附件5格式记录的，记录存在缺项的、不完整的，扣2分。 5. 现场检查中发现水库存在安全隐患，巡查记录中未体现的，扣2分。 6. 检查人员未签名的，扣1分。 7. 巡查中发现问题在巡视检查记录中已记录，但未做相应处理的，包括：上报记录、处理记录，每1次扣2分

续表

类别	项目		评审内容	标准分	赋分原则	赋分解释
运行管理（30分）	10	维修养护（工程形象面貌）	挡水建筑物表面平整、美观，无明显病险隐患	6	1. 存在重大安全隐患的，“一票否决”。 2. 坝顶、上下游坝坡表面凹凸不平的、有雨淋沟的，扣1分。 3. 坝面草皮高度超过20cm的，扣1分。 4. 排水体、排水沟、排水孔等有明显杂草、堵塞的，扣1分。 5. 大坝有明显渗漏、裂缝、塌陷、隆起、动物洞穴、蚁害等病险隐患的，每1处扣1分。 扣完为止	1. 存在重大安全隐患的，“一票否决”。 七类重大安全隐患： （1）大坝安全鉴定为三类，未除险加固。 （2）大坝坝身出现裂缝，造成渗水、漏水严重或出水浑浊。 （3）大坝渗流异常且坝体出现流土、漏洞或管涌。 （4）闸门主要承重件出现裂缝、门体止水装置老化或损坏渗漏超出规范要求，闸门在启闭过程中出现异常振动或卡阻，或卷扬式启闭机钢丝绳达到报废标准未报废。 （5）泄水建筑物堵塞无法泄洪或行洪设施不符合相关规定和要求。 （6）近坝库岸或者工程边坡有失稳征兆。 （7）坝下建筑物与坝体连接部位有失稳征兆。 2. 坝顶、上下游坝坡表面凹凸不平的，有雨淋沟的，扣1分。 3. 坝面草皮高度超过20cm，扣1分。 4. 排水体、排水沟、排水孔等有明显杂草、堵塞的，扣1分。 5. 大坝有明显渗漏、裂缝、塌陷、隆起、动物洞穴、蚁害等病险隐患的，每1处扣1分

续表

类别	项目		评审内容	标准分	赋分原则	赋分解释
运行管理（30分）	10	维修养护（工程形象面貌）	输、泄水建筑物结构完整，无明显病险隐患。其附属设施整洁、使用正常，无影响运行的缺陷或隐患	6	1. 溢洪道进口存在人为设置行洪障碍物的，“一票否决”。 2. 混凝土或砌石结构有明显渗漏、裂缝、破损、剥蚀等病险隐患的，每1处扣1分。 3. 坝下涵管有损伤、锈蚀、变形、漏水、开关困难的，每1处扣1分。 4. 启闭房不整洁或有杂物，墙面、门窗破损的，每1处扣1分（若元启闭房，此项不扣分）。 扣完为止	1. 溢洪道进口存在人为设置行洪障碍物的，“一票否决”。 2. 混凝土或砌石结构有明显渗漏、裂缝、破损、剥蚀等病险隐患的，每1处扣1分。 3. 坝下涵管有损伤、锈蚀、变形、漏水、开关困难的，每1处扣1分。 4. 启闭房不整洁或有杂物，墙面、门窗破损的，每1处扣1分（若无启闭房，此项不扣分）

续表

类别	项目		评审内容	标准分	赋分原则	赋分解释
运行管理（30分）	10	维修养护（工程形象面貌）	按照有关规定组织开展维修养护工作。维修养护记录清晰、完整	2	1. 发现问题未及时开展维修养护工作，影响水库安全或效益正常发挥的，每1次扣2分。 2. 发现问题未及时开展维修养护工作，但不影响水库安全或效益正常发挥的，每1次扣1分。 3. 无维修养护记录的，扣1分。 扣完为止	1. 检查发现水库存在安全隐患，影响水库安全或效益正常发挥的，未开展维修养护工作，每1次扣2分。 2. 检查发现水库存在问题，但不影响水库安全或效益正常发挥的，水库仍能正常蓄水、输水，未开展维修养护工作，每1次扣1分。 3. 无维修养护记录的，扣1分
	11	调度运用	“三个重点环节”之一： 编制水库调度运用方案或调度规程、年度运用计划，并按照隶属关系报上级主管部门审批。 不得擅自在批准的控制水位以上蓄水运行，严禁超设计标准蓄水。 每次调度运用记录清晰、完整	3	1. 未制定调度规程或方案的，扣2分。 2. 未编制年度运用计划的，扣1分。 3. 汛期不按调度指令执行的，扣3分。 4. 存在超蓄现象的，每1次扣2分。 5. 无调度运用记录的，扣1分。 扣完为止	1. 检查调度规程或方案及批复文件，未制定的，扣2分；未批复的，扣1分。 2. 检查年度运用计划及批复文件，未编制的，扣1分；未批复的，扣0.5分。 3. 检查汛期调度记录，未按调度规程中制定的计划进行调度或不按上级调度指令执行的，扣3分。 4. 检查水库水位记录，存在超蓄现象的，每1次扣2分。 5. 无调度运用记录的，扣1分

续表

类别	项目		评审内容	标准分	赋分原则	赋分解释
运行管理（30分）	12	操作运行	制定闸门（阀门）、启闭机及其他机电设备操作规程，并上墙明示。 闸门操作应由专人按已制定的操作步骤进行操作，做好操作记录	2	1. 操作规程未上墙明示的，扣1分。 2. 未按操作步骤进行操作的，扣1分。 3. 无操作记录的，扣1分。 扣完为止	1. 操作规程未上墙明示的，扣1分。 2. 未按操作步骤进行操作的，扣1分。 3. 无操作记录的，扣1分
	13	白蚁防治	管理单位每年应制定白蚁防治计划。 对水库大坝各部位及邻近大坝的蚁源区进行全面的白蚁蚁害检查，做好记录，绘制白蚁活动痕迹分布图，标注白蚁活动位置和痕迹类型，并在白蚁活动的地方设置明显标记或标志。检查结束后，初步评估危害程度及后果，有针对性地制定防治方案。发现存在明显蚁害安全隐患时，可委托专业白蚁防治公司进行处理	3	1. 未制定白蚁防治计划的，扣2分。 2. 现场存在明显白蚁蚁害现象的，扣3分。 3. 无白蚁检查记录的，扣1分。 4. 未保存白蚁防治相关资料的，扣1分。 扣完为止	1. 检查白蚁防治计划书，未制定的，扣2分。白蚁防治计划包括：绘制白蚁活动痕迹分布图；标注白蚁活动位置和痕迹类型；在大坝平面布置图将白蚁活动的地方设置明显标记或标志。 2. 现场存在明显白蚁蚁害现象的，存在1处蚁穴扣1分，不超过3分。 3. 无白蚁检查记录的，扣1分。 4. 核实白蚁治理记录或白蚁防治公司委托合同，无相关资料的，扣1分

续表

类别	项目		评审内容	标准分	赋分原则	赋分解释
运行管理（30分）	14	档案管理	管理单位应设置档案管理场所或档案柜，并应建立档案管理制度，对工程在前期、实施、竣工验收及运行过程各阶段过程中形成的图纸、报告、图片、声像等不同形式记录载体进行立卷归档，有条件的应逐步实现档案电子化、数字化管理	3	1. 无任何档案资料的，扣3分。 2. 无专门档案管理场所或档案柜的，扣1分。 3. 档案资料杂乱、不完整的，扣2分。 扣完为止	1. 无任何档案资料的，扣3分。 2. 无专门档案管理场所或档案柜的，扣1分。 3. 档案资料未分类摆放、不完整的，扣2分。档案包括：①水库基本管理情况（责任主体、管理单位、管理人员、注册登记）；②水库建设阶段的各项资料；③安全鉴定和除险加固资料；④运行管理各项制度；⑤调度运用资料；⑥记录资料（巡视检查、安全监测、操作运行、白蚁防治）；⑦隐患排查治理台账；⑧防汛抢险资料；⑨物业化管理资料（根据实际情况）
安全管理（20分）	15	安全责任制	明确大坝安全政府责任人、主管部门责任人和管理单位责任人等“三级责任人”名单，并在相关媒体公示。 明确行政责任人、技术责任人、巡查责任人等“防汛三个责任人”名单。建立安全生产责任制度，明确安全生产专（兼）职人员	5	1. 未明确“三级责任人”名单的，“一票否决”。 2. 未明确“防汛三个责任人”名单的，扣5分。 3. 未明确安全生产专（兼）职人员，扣2分。 4. “三级责任人”未在媒体公示的，扣2分。 5. 未在坝址附近公示安全责任人的，扣1分。 扣完为止	1. 核实“三级责任人”是否公示，无公示资料，“一票否决”。 2. 核实“防汛三个责任人”是否符合要求，不满足要求，扣5分。 3. 核实管理单位的安全生产专（兼）职人员是否于每年年初签订安全生产责任书，无安全生产责任书，扣2分。 4. “三级责任人”是否公示，无公示资料的，扣2分。 5. 未在坝址附近公示安全责任人的，扣1分

续表

类别	项目		评审内容	标准分	赋分原则	赋分解释
安全管理（20分）	16	安全鉴定	水库竣工验收或下闸蓄水运行5年内应进行首次大坝安全鉴定，以后应每隔6～10年进行一次。安全鉴定成果应经过水行政主管部门审定。 鉴定为二、三类坝的，在实施除险加固前，应制定保坝措施和安全度汛措施，并限制蓄水，必要时放空运行	5	1. 超过时限未进行首次安全鉴定的，扣4分。 2. 超过时限未定期进行后续安全鉴定的，扣2分。 3. 安全鉴定成果未经水行政主管部门审定的，扣2分。 4. 鉴定为二、三类坝，未制定相关措施，并限制运用的，扣3分。 扣完为止	1. 超过时限未进行首次安全鉴定的，扣4分。 2. 超过时限未定期进行后续安全鉴定的，扣2分。 3. 安全鉴定成果未经水行政主管部门审定的，扣2分。 4. 是否制定相关措施，包括：修订水库安全应急预案，制定保坝措施和安全度汛措施，并限制蓄水，必要时放空运行，扣3分
	17	安全生产风险管控和隐患排查治理	应建立完善安全生产风险管控和隐患排查治理制度，每年至少开展1次安全生产风险评估研判；应制订安全生产隐患排查治理工作台账和治理方案	4	1. 未建立完善安全生产风险管控和隐患排查治理制度的，扣1分。 2. 未开展安全生产风险评估研判的，扣2分。 3. 未制定安全生产隐患排查治理工作台账和治理方案的，扣2分。 4. 安全生产风险管控和隐患排查治理工作不够完善的，扣1分。 扣完为止	1. 查看安全生产风险管控和隐患排查治理制度，未制定相关制度的，扣2分。 2. 查看全生产风险评估报告，报告包括：标明水库主要安全风险名称、等级、所在部位、可能引发的事故隐患类别、事故后果、管控措施、应急措施及报告方式，未开展的，扣1分。 3. 查看安全生产隐患排查治理工作台账，根据隐患排查治理制度中规定的时间、内容、频次进行隐患排查，无台账的，扣1分；未按制度进行的，扣0.5分。 4. 安全生产风险管控和隐患排查治理制度未规定责任人、隐患排查时间、内容、频次、未规定报告方法或未制定隐患处理措施的，扣1分

续表

类别	项目		评审内容	标准分	赋分原则	赋分解释
安全管理（20分）	18	应急预案	“三个重点环节”之一： 应编制水库大坝安全管理应急预案或防汛抢险应急预案，并报批。 应明确应急指挥机构相关人员的职责、联系方式和对应联系对象，明确抢险队伍的组成、任务、所需设备以及负责人及其联系方式。 每年汛前对应急预案进行宣传、培训和演练，并作好相关记录。适时对预案进行修订	3	1. 未编制大坝安全管理应急预案或防汛抢险应急预案并报批的，扣3分。 2. 人员职责及抢险队伍不明确的，扣2分。 3. 未进行宣传、培训和演练的，扣2分。 4. 未及时对预案进行修订的，扣1分。 扣完为止	1. 查看应急预案及批复文件，未编制的，扣3分；无批复文件的，扣1分。 2. 查看应急预案是否明确人员职责，未明确职责的，扣1分；查看相应抢险队伍名单，无抢险队伍名单的，扣2分。 3. 查看宣传手册，宣传照片、培训教材及演练照片，缺1项扣0.5分。 4. 核实修订版本年限的，未及时进行修订，扣1分
	19	防汛备汛	应做好汛限水位标识。 应储备必要的防汛物资，防汛物资种类、数量应符合相关规定。 采用电力控制闸门启闭的水库应配置备用电源。 管理人员发现突发险情时，应立即向水库主管部门报告，水库主管部门应在1小时内向上级水行政主管部门报告。情况紧急时，可越级上报	3	1. 未做好汛限水位标识的，扣2分。 2. 未按规定储备防汛物资的，扣2分。 3. 防汛物资杂乱、数量不满足要求的，扣1分。 4. 采用电力控制闸门启闭的水库未配置备用电源的，扣1分。 5. 未按规定进行险情报告的，扣2分。 扣完为止	1. 汛限水位标识需醒目，能从摄像头拍摄画面识别，未做标识的，扣2分，标识不明显的，扣1分。 2. 无储备防汛物资的，扣2分。 3. 防汛物资未分类摆放、无防汛物资管理台账的或数量不满足《工作指引》附件8要求的，扣1分。 4. 采用电力控制闸门启闭的水库未配置备用电源的，扣1分。 5. 未按规定进行险情报告的，扣2分

续表

类别	项目		评审内容	标准分	赋分原则	赋分解释
信息化管理（15分）	20	平台建设使用	各地可直接使用省级开发建设的水利工程运行管理平台，也可自行开发。 对于已建设或正在建设的运行管理平台，应与省级平台无缝对接，实现全省水库协同管理、动态监管	4	1. 当地未开发建设水库管理信息化平台，且未使用省级开发建设的水利工程运行管理平台的，扣4分。 2. 各地自己定制开发的管理系统未接入省级平台的，扣2分。 扣完为止	1. 需明确平台登录账号，可以正常登录使用，截取日常使用平台图片作为日常管理佐证，未明确账号密码的，扣4分；未正常登录使用的，扣2分。 2. 从监管平台截图或现场操作查看证明，若无法从监管平台查看数据，扣2分
	21	智能感知系统建设	“三个重点环节”之水雨情测报（观测设施）： 坝高小于15m的小（2）型水库设置库水位、降雨量、坝体外观（视频或图像）“三要素”。 小（1）型水库和坝高大于15m的小（2）型水库增设渗流量为第四要素。 设施运行正常，并接入“广东水利云”或省级开发建设的水利工程运行管理平台	6	1. 未按规定设置库水位、降雨量、坝体外观（视频或图像）、渗流量的，扣6分。 2. 设施运行不正常，未接入“广东水利云”或省级开发建设的水利工程运行管理监管平台的，扣3分。 扣完为止	1. 未按规定设置库水位、降雨量、坝体外观（视频或图像）、渗流量（土石坝）的，缺一项扣2分，不超过6分。 2. 检查是否能从监管平台查看数据，监管平台无水位、雨量、图片、渗流量（若需）数据的，扣3分

续表

类别	项目		评审内容	标准分	赋分原则	赋分解释
信息化管理（15分）	22	数字水库建设	管理单位应结合水库大坝定期安全鉴定等工作，将主要工程特征数据、工程地质勘察资料、关键图纸、地形测量等资料文档电子化（PDF、图片等），并导入工程基础数据库	5	1. 未将工程基础数据和资料电子化，并导入工程基础数据库的，扣5分。 2. 电子化不完全的，扣2分。 扣完为止	1. 省监管平台无该水库相关资料的，扣5分。 2. 监管平台中该工程基础数据和资料包含：①工程特征数据；②注册登记证书；③工程地质勘察资料；④关键图纸；⑤地形测量；⑥安全鉴定资料；⑦安全管理（应急）预案；⑧调度运用规程；⑨年度运用计划；⑩管理制度；⑪工程照片缺一项扣0.2分，不超过2分
加分项（5分）	23	物业化管护	由物业公司、专业技术队伍参与工程管理和养护，统称为物业化管护	5	工程日常管理和维修养护实行物业化管护的，奖励5分	1. 与管理公司签订合同，加1分。 2. 物业化公司员工作为技术责任人及巡查责任人，并公示的，加1分。 3. 物业公司管护水库照片，加1分。 4. 管理单位考核管护物业公司成果文件，包括考核指标、考核结果、奖惩办法等，加2分
备注	发生安全生产重大责任事故的，实行“一票否决”，标准化达标评审直接认定不达标。 合理缺项计算公式为：合理缺项得分 =［合理缺项所在类得分/（该类总标准分 - 合理缺项标准分）］×合理缺项标准分					

附录 13　小型水库安全运行管理标准化创建工作评估认定报告

小型水库安全运行管理标准化创建工作评估认定报告

水 库 名 称：________________

水库管理单位：________________

评 定 单 位：________________

评 定 时 间：________________

<table>
<tr><td>水库名称</td><td colspan="4"></td></tr>
<tr><td>水库工程规模或类型</td><td colspan="4">小（1）型、坝高 15m 及以上小（2）型、坝高 15m 以下小（2）型等</td></tr>
<tr><td>评定内容</td><td>标准分</td><td>评定分</td><td>评定分占标准分百分数/%</td><td>综合评估认定等级</td></tr>
<tr><td>一、基础管理</td><td>35</td><td></td><td></td><td rowspan="7"></td></tr>
<tr><td>二、运行管理</td><td>30</td><td></td><td></td></tr>
<tr><td>三、安全管理</td><td>20</td><td></td><td></td></tr>
<tr><td>四、信息化管理</td><td>15</td><td></td><td></td></tr>
<tr><td>小计</td><td>100</td><td></td><td></td></tr>
<tr><td>加分项</td><td>5</td><td></td><td></td></tr>
<tr><td>总分</td><td colspan="3"></td></tr>
<tr><td colspan="5">专家组考核意见：

专家组组长（签字）：　　　　年　月　日</td></tr>
<tr><td colspan="5">评定单位意见：

单位（盖章）　　　　年　月　日</td></tr>
</table>

附录 14　小型水库运行管理规章制度汇编

××水库运行管理规章制度汇编

××水库管理所

××年××月

目 录

巡视检查制度

为加强和规范水库工程检查，及时发现工程可能存在的缺陷或隐患，保障水工建筑物和设施设备的安全运行，充分发挥水库工程的设计效益，制定本制度。

一、检查类别

包括日常巡查、定期检查和特别检查。

二、日常巡查

（一）日常巡查应由运行维护专业人员进行，巡查人员应相对固定。

（二）巡查频次要求：汛期每天不少于1次。非汛期每周不少于2次，间隔不少于3天。水库受强降雨影响、库水位超过汛限水位或当地启动防汛防台风应急响应时，巡查人员应24小时现场值守。

三、定期检查

定期检查于每年汛前（3月）、汛中（7月）、汛后（11月）各进行1次。由管理单位组织大坝运行维护专业人员按照国家和省现行的相关法规以及本单位的规章制度，查阅大坝检查、运行、维护记录和监测数据等档案资料，对大坝进行全面详细的巡查。

四、特别检查

在坝区或坝址附近发生地震、遭遇大洪水、台风、库水位骤变、高水位、低气温、水库放空以及其他影响大坝安全运行的特殊情况时，由管理单位请示上级主管部门组织安全检查组及时进行检查。

五、巡查检查范围

巡查检查范围包括坝体、廊道、坝基、坝区、输泄水洞（管）、溢洪道、工程结合部、闸门及金属结构、监测设施、工程管理和保护范围、水体水质、与坝的安全有直接关系的输泄水建筑物和设备，以及对大坝安全有重大影响的近坝区岸坡等。

六、检查方法和要求

（一）日常检查：主要为眼看、耳听、手摸、鼻嗅、脚踩等直观方法，或辅以锤、钎、钢卷尺、放大镜、石蕊试纸等简单工具器材，对工程表面和异常现象进行检查。对于工程已安装视频监控系统的，可利用视频图像辅助跟踪检查。

（二）定期检查和特别检查：除采用日常检查的方法外，还可根据检查的目的和要求，采用开挖探坑（或槽）、探井、钻孔取样或孔内电视、注水或抽水试验、投放化学试剂、超声波探测、潜水员探摸或水下电视、水下摄影或录像等有效的探测技术和方法进行。

（三）日常检查人员在轮换班时应做好交接工作，检查时应带好必要的辅助工具和记录笔、簿以及照相机、摄像机等设备。

（四）汛期高水位情况下进行巡查时，宜由数人列队进行拉网式检查，防止疏漏。

（五）定期检查和特别检查，工程管理单位均应制定详细的检查计划和临时调度方案，并做好如下准备工作：

(1) 安排好水库调度，为检查输、泄水建筑物或进行水下检查创造条件。

(2) 做好电力安排，为检查工作提供必要的动力和照明。

(3) 排干检查部位的积水，清除检查部位的堆积物。

(4) 安装或搭设临时交通设施，便于检查人员行动和接近检查部位。

(5) 采取安全防范措施，确保检查工作、设备及人身安全。

(6) 准备好检测所需工具、设备、车辆或船只等，以及量测、记录、绘草图、照相机、摄像机等。

（六）巡视检查中发现的异常部分应拍照，对重大缺陷应进行录像。照片、录像带交档案室存档。巡查中如发现大坝枢纽工程有异常现象，应及时做出研判并上报，必要时还应派专人进行连续监视，做好应急抢险准备工作。

七、检查项目和内容

（一）坝体检查应包括以下各项：

（1）坝顶：坝面及防浪墙有无裂缝、错动、沉陷；相邻坝段之间有无错动；伸缩缝开合状况；排水设施工作状况。

（2）上游面：上游面有无裂缝、错动、沉陷、剥蚀；伸缩缝开合状况，止水设施工作状况。

（3）下游面：下游面有无裂缝、错动、沉陷、剥蚀、钙质离析、渗水；伸缩缝开合状况。

（4）混凝土有无老化破损；有无溶蚀、水流侵蚀现象。

（5）廊道：廊道有无裂缝、位移、漏水、溶蚀、剥落；伸缩缝开合状况、止水设施工作状况；照明通风状况。

（6）排水系统：排水孔工作状况；排水量、水体颜色及浑浊度。

（二）坝基及坝肩检查项目应包括下列内容：

（1）坝基岩体有无明显挤压、错动、松动和鼓出。

（2）坝体与基岩（或岸坡）接合处有无错动、开裂、脱离及渗水等情况；两岸坝肩区有无裂缝、滑坡、沉陷、溶蚀及绕渗等情况。

（3）坝趾：下游坝趾有无冲刷、淘刷、管涌、塌陷；渗漏水量、颜色、浑浊度及其变化情况。

（4）廊道：廊道有无裂缝、位移、漏水、溶蚀、剥落；伸缩缝开合状况；止水设施工作状况；照明通风设施工作状况。

（5）排水系统：排水孔工作状况；排水量、水体颜色及浑浊度。

（三）输、泄水设施检查项目应包括下列内容：

（1）进水口和引水渠道有无淤堵、裂缝及破坏；进水口边坡有无裂缝及滑移。

（2）进水塔（竖井）有无裂缝、渗水、空蚀或其他损坏现象；塔体有无倾斜或不均匀沉降。

（3）洞（管）身有无裂缝、坍塌、鼓起、渗水、空蚀等现象；放水时洞内声音是否正常。

（4）放水期出口水流形态、流量是否正常，有无冲刷、磨损、淘刷；停水期是否有水渗漏；出口有无淤堵、裂缝及损坏；出水口边坡有无裂缝及滑移。

（5）下游渠道及岸坡有无异常冲刷、淤积和波浪冲击破坏等情况。

（6）工作桥有无不均匀沉降、裂缝、断裂等现象。

（7）涵洞（管）、工作桥等的结构缝（伸缩缝、施工缝和接缝）的张合情况、有无错动迹象，填缝材料是否流失或老化变质。

（四）溢洪道检查项目应包括下列内容：

（1）进水段有无堵塞，上游拦污设施是否正常，两侧有无滑坡或坍塌迹象；护坡有无裂缝、沉陷、渗水；流态是否正常。

（2）堰顶或闸室、闸墩、胸墙、边墙、溢流面、底板等处有无裂缝、渗水、剥落、冲刷、磨损和损伤；排水孔及伸缩缝是否完好。

（3）泄水槽有无气蚀、冲蚀、裂缝和损伤；两岸坡有无裂缝滑塌等迹象。

（4）消能设施有无磨损、冲蚀、裂缝、变形和淤积。

（5）下游河床及岸坡有无冲刷、淤积。

（6）工作桥有无不均匀沉陷、裂缝、断裂等现象。

（五）闸室段结构检查应包括下列内容：

（1）泄水时，闸门的进水口、门槽附近及闸门后水流流态是否正常，闸门顶是否溢流。

（2）闸门关闭时的漏水情况。

（3）闸墩、门槽、胸墙、门墩、牛腿等部位是否有裂缝、剥蚀、老化等异常情况。

（4）门槽及孔口附近区域是否有气蚀、冲刷、淘空等破坏现象。

（5）闸墩及底板伸缩缝的开合错动情况，是否有不利于闸门和启闭机的不均匀沉陷。底板有无淘空，塌陷等破坏现象。

（6）通气孔是否有坍塌、堵塞或排气不畅等情况。

（7）启闭机室是否有错动、裂缝、漏水、漏雨等异常现象，并判明对启闭机运行的影响。

（8）闸门和启闭机的附属设施是否完善。

（六）闸门及金属结构检查应包括下列内容：

（1）闸门门体是否存在明显变形，是否发生振动、气蚀现象；构件是否存在折断、损伤及局部明显变形。

（2）焊缝及其热影响区表面是否存在裂缝等危险缺陷及异常变形。

（3）闸门和启闭机零部件，如吊耳、吊钩、吊杆、连接螺栓、侧反向支承装置、充水阀、止水装置、滑轮组、制动器、锁定等装置的表面是否存在裂纹、损伤、老化、变形和脱落。

（4）闸门和移动式启闭机行走支承系统是否存在变形损坏和偏斜、啃轨、卡阻现象；滚轮是否变形损坏，转动是否灵活。

（5）平面闸门轨道（弧形闸门轨板、铰座）、门楣（包括钢胸腔）、止水座板、钢衬砌等埋设件是否磨蚀和变形。

（6）启闭机是否正常工作，制动、限位设备是否准确有效。电源、传动、润滑等系统是否正常，启闭是否灵活，备用电源及手动启闭是否可靠；所有机电设备运行时是否有异常声音。

（7）启闭机架是否损伤、裂纹和局部明显变形。

（8）启闭机传动轴是否存在裂纹、磨损及明显变形。

（9）齿轮是否有断齿、崩角、磨损和压陷等。

（10）卷扬式启闭机卷筒表面、卷筒幅板、轮缘是否存在损伤和裂纹等。

（11）螺杆式启闭机螺杆和螺母是否有裂纹、磨损，螺杆是否弯曲。

（12）液压启闭机的缸体、端盖、活塞杆等零件是否有损伤和裂纹，液压缸和油路是否有泄漏。

（七）电气设备检查。电气控制系统及设备和备用电源能否正常工作，自备电源启动时间是否满足要求。

（八）近坝库岸检查项目应包括下列内容：

（1）库区水面有无漩涡、冒泡现象。

（2）岸坡是否存在冲刷、塌陷、裂缝、滑移迹象；是否存在高边坡和滑坡体；岸坡地下水出露及渗漏情况；表面排水设施或排水孔工作是否正常。

（九）监测设施检查应包括下列内容：

（1）检查各种观测设施是否完整，无变形、损坏、堵塞现象。

（2）检查各种变形观测设施的保护装置是否完好，标志是否明显，是否存在观测障碍物等。

（3）扬压力及坝基深部、坝体渗透压力测压管口及其他保护装置是否完好。

（4）应力、应变及温度监测设施是否完好，运行是否正常。

（5）水位观测尺是否受到碰撞，有无损坏。

（6）量水堰板上是否留有附着物，量水堰上、下游是否存在淤泥或堵塞物。

（7）水雨情及工程安全监测仪器设备、传输线缆、通信设施、防雷设施和保护设施、供电设施是否可以正常工作。

（8）是否有动物在监测设置中筑巢、窝、穴等。

（9）对于有防潮湿、锈蚀要求的监测设施，是否采取除湿措施。

（10）遥测设施的避雷装置是否进行定期养护和检测。

（十）工程管理和保护范围应检查下列内容：

（1）工程管理保护设施如围墙、护栏、围挡等有无损坏。坝顶过车限载限行设施及指示标牌是否完好。

（2）界碑、界牌是否明显，有无损坏等。

（3）在管护范围内有无违法违规等行为。

（4）安全警示牌、法规宣传牌是否健全，有无损坏，遮挡等。

（5）防汛物料是否齐备、消防设施是否齐备有效等。

（十一）附属设施巡查项目。对大坝所有的附属设施应进行日常检查和定期检查，以保证其正常运行。检查应包括（但不限于）下列项目：

（1）供水和消防系统。

（2）照明系统及事故应急照明。

（3）通信系统及应急通信设施。

（4）对外交通及应急交通工具。

八、巡查记录和报告

（一）巡查记录：

（1）每次巡查均应做好翔实的现场记录。如发现异常情况，除应详细记述时间、部位、险情和绘出草图外，必要时应测图、摄像，并在现场做好标记。

（2）每次巡查后应在1～2个工作日内对巡查原始记录进行整理，并做出初步分析判断。

（3）现场记录应与上次或历次巡查结果进行比较分析，如有异常现象，应立即进行复查确认。

（二）巡查报告：

（1）日常检查中巡查人员发现工程隐患或险情时，应立即报告工程管理单位负责人，工程管理单位应在24小时内上报到上级水行政主管部门；视工程隐患或险情危急情况，水行政主管部门可直接处理或逐级上报，紧急情况下也可越级上报。

（2）定期检查和特别检查中发现异常情况时应及时上报，并在现场工作结束后5个工作日内提交详细报告。

（3）报告内容应简洁、扼要说明问题，必要时附上照片及示意图。定期检查和特别检查报告一般应包括以下内容：①检查日期；②本次检查的目的和任务；③检查组参加人员名单及其职务；④对规定项目的检查结果（包括文字记录、略图、素描或照片）；⑤历次检查结果的对比、分析和判断；⑥不属于规定检查项目的异常情况发现、分析及判断；⑦有必要加以说明的特殊问题；⑧检查结论（包括对某些检查结论的不一致意见）；⑨检查组的建议；⑩检查组成员的签名。

（三）每年应对工程巡查资料进行汇编报告，按年度集中成册。各种巡查记录、图纸和报告的纸质及电子文档等成果均应及时整理归档备查。

安全监测制度

为规范小型水库水工建筑物的安全监测工作，确保安全监测工作有序无误，确保人身和设备的安全，减少测量误差，根据SL 601《混凝土坝安全监测技术规范》、SL 551《土石坝安全监测技术规范》等，特制定本制度。

一、本制度适用于小型水库大坝坝体、坝基、坝肩、廊道以及近坝岸坡和其他大坝安全有直接关系的建筑物安全监测及水质监测工作。

二、安全监测的原则

（1）全面研究，总体布置，分期分批实施，建立总体和局部的可靠联系，确保观测系统的可靠性和完整性。

（2）监测仪器设备应精确可靠，稳定耐久，操作易于掌握。

（3）严格按照所规定的测次、时间，进行系统、连续的观测。现场要求做到“四无”（无缺测、无漏测、无不符精度、无违时），“五随”（随观测、随记录、随计算、随校核、随分析），“四固定”（人员、仪器、测次、时间）。

三、安全监测的任务

（1）根据监测结果及时分析原因，采取措施，防止事故发生，并改善运行方式，以保证工程安全运行。

（2）监视运行期间大坝的状态变化和工作情况，及时发现异常现象。

（3）对水工建筑物观测资料及时研究分析，掌握其变形规律，以验证设计理论的正确性，为运行管理提供科学依据。

四、安全监测的内容

（1）监测内容：有大坝位移监测、渗透压力或扬压力监测、渗流量监测、环境量监测等。

（2）大坝变形监测：有条件时采用自动化监测，也可采用全站仪或水准仪等进行观测。

（3）大坝渗透压力或扬压力监测：有条件时采用自动化监测，采用电测水位计或其他设备观测孔内水位。

（4）渗流量监测：渗流量采用量水堰法监测，有条件时实现自动化监测。

（5）环境量观测：自动化三要素监测站实现自动化观测。

（6）严格遵守规程、规范，保证测试成果的真实性和准确性。

五、安全监测工作应遵守的规定

（1）建筑物上各类测点应和建筑物牢靠结合，能代表建筑物变形。建筑物外各测点应埋设在新鲜或风化基岩上，保证测点稳固可靠，能代表该处岩体变形。

（2）观测设备应有必要的保护装置，观测站及人行通道应有人身安全保护设施。

（3）变形观测所用的仪器、设备的精度应相适应，并保持长期稳定可靠。

（4）有联系的各观测项目，应尽量同时观测。

（5）监测量正负号规定：

1）水平位移：向下游和左岸移动为正，反之为负。

2）垂直位移：下沉为正，上升为负。

3）接缝和裂缝开合度：张开为正、闭合为负。

4）高边坡位移：向下滑为正，反之为负。

5）水位：上升为正、反之为负。

（6）在特殊情况下，如地震、非常洪水、运行条件发生变化以及发现异常情况时，应加强巡视检查，并应增加监测频次，必要时还应增加监测项目。监测成果应及时整理，并及时编写专题报告上报。

六、测量数据记录与资料管理规定

（一）现场测量记录

（1）现场测量记录是计算水工建筑物变形量的原始数据，因此必须做到记录真实，注记明确，整洁美观，格式统一，并要妥善保管，不得遗失。

（2）现场记录手簿要用统一格式，并装订成册，每册页数应予以编号，已编号的各页不得撕去，记录中间不得无故留下空白页。

（3）一切现场测量读数和记录项目，必须在现场用铅笔、碳素笔直接记录与手簿中，记录文集和数字比较清晰、端正。

（4）观测读数与记录的小数位：应读到及记录到测量仪器的最小分辨读数。

（5）现场测量记录手簿中，任何原始记录（包括文字及数字）不得擦去和涂改，若原始记录有错误，应用斜线整齐划去，并在现场测量时校正，重作记录，划去的错误记录应在备考栏内注明原因。所有原始观测数据必须在现场记录、严禁事后转抄。

（6）一切测量记录手簿及测量成果计算必须经班组人员认真检查，然后交专业技术人员进行处理检查验收，经上述检查无误后才能作为正式成果汇报。

（二）观测资料检查校核主要内容

（1）原始记录是否准确无误，有无遗漏。

（2）测量读数是否符合要求。

（3）观测精度是否符合要求。

（4）各项计算是否正确，有无遗漏。

（5）发现观测资料有错误时，应进行复测。

（6）发现观测资料有 1/3 超限时，应通知重测，低于 1/3 时补测。

七、及时开展监测资料整理分析。日常资料整理必须在每次监测后及时进行，其内容包括仪器监测原始数据的检查、异常值的分析判断、填制报表和绘制过程线以及巡视检查记录的整理等。年度资料整编是在日常资料整理的基础上，将原始监测资料经过考证、复核、审查、综合整理、初步分析，编印成册，同时将监测资料存入数据库。大坝安全监测资料分析可委托具有相应资质的专业单位进行。

八、安全监测系统的定期检查结合大坝安全鉴定开展，委托有关单位对大坝安全监测系统进行全面检查，提出监测系统检查鉴定专题报告。内容应包括监测系统的完备性，监测设施的精度和可靠性，对监测仪器设备封存、报废及监测项目停测。

九、根据有关规程规范、大坝安全监测的实际需要和运行情况，及时提出更新改造项目。

十、监督检查与考核

（一）管理单位负责对本制度的执行情况进行监督检查。

（二）对因违反本制度造成管理不善，导致不安全事件发生的，按管理单位规定对相关人员进行处罚。

调度运行制度

水库防洪调度是利用水库调蓄洪水，削减洪峰，减轻或避免洪水灾害的重要防洪措施。为规范水库调度，保证水库安全运行，最大限度发挥水库的防洪减灾作用，全面提高水库综合运用效益，根据《中华人民共和国水法》《中华人民共和国防洪法》《水库大坝安全管理条例》，结合实际，制定本制度。

一、水库调度任务

水库防洪调度的任务是依据规划设计确定和防汛抗旱指挥部门核定的水库安全标准和下游防护对象的防洪标准、防洪调度方式及各防洪特征水位，结合气象预报和实时雨水情况，通过闸门调度等方式，控制水库蓄泄，确保水库安全，减轻上下游洪水灾害，发挥水库综合运用效益。

二、水库调度原则

（1）在确保水库大坝安全的前提下，兼顾上下游防洪要求，妥善处理防洪与兴利的矛盾，充分发挥水库调节能力。

（2）水库与下游河道堤防和蓄滞洪区防洪体系联合运用，充分发挥防洪体系作用。

（3）防洪调度以防汛抗旱指挥部批准的汛期控制运用方案为基础，实施动态控制，强化实时调度。

（4）汛期限制水位以上的防洪库容的调度运用，严格按各级防汛抗旱指挥部调度，严禁水库擅自超正常水位或防洪高水位运行。

三、水库调度权限

（1）小型水库由水利局或上级主管部门负责调度。应急指挥部门下达防洪调度命令至水利局，水利局直接将调令下达至水库管理单位，由管理单位按调令操作执行，并报告各级主管部门。

（2）防洪调度流程：根据天气及来水情况，预计未来库水位超汛限水位→拟定泄洪时间、下泄流量，并报告领导→提前 2 小时以上向防指提出泄洪申请→收到防指批复，向下游有关单位发泄洪通知，做好记录→发开闸指令，闸门运行及监护人员提前 1 小时进入岗位→按闸门启闭操作票内容做好准备工作，并按规定发警报→在监护下开闸泄洪→闸门运行人员汇报指令执行情况→上报防指。

四、水库调度管理

（1）水库管理单位结合具体情况编制水库调度运用规程，报上级主管部门审定，并按照调度规程编制汛期水库调度运用方案，于汛前按规定报上级主管部门，并严格按调度运用方案进行水库调度操作。

（2）水库汛期必须 24 小时不间断值班，各水库防汛责任人必须保持手机 24 小时畅通。

（3）值班人员要及时收集水文气象情报，密切关注雨水情变化，并按规定报告上级防汛主管部门。

（4）值班人员要做好值班记录，严格遵守劳动纪律，服从调度指挥。

五、水库调度纪律

（1）必须严格执行上级水利主管部门下达的调度指令，不得拖延或提前。

（2）每次洪水过程中，水库开闸调令送达水库的同时，须抄送水库上下游沿线的有关乡镇。

（3）调令执行后及时向相应防汛抗旱指挥部门报告执行情况，并告知开闸后的实时汛情。

（4）调度命令下达后，必须无条件执行，任何部门和个人不得干扰水库防洪调度工作，对拒不执行调令或其他违规行为，严肃责任追究。

闸门操作运行制度

一、闸门启闭，必须严格按照批准的调度运用计划和上级主管部门的调令进行，不得接受任何其他部门或个人的有关启闭闸门的指令。

二、闸门、启闭机的运行及操作，严格按闸门运行操作规程执行操作；溢洪道上泄洪闸门以及带电操作输水涵管闸门现场2人以上方可按调令进行操作；不得擅自改变运行方式和开度；及时详细记录启闭时间、开度、上下游水位变化、泄放水流量及建筑物和启闭设备等情况，每月整理记录，年末及时汇编归档。

三、闸门启闭前，要对启闭机械、闸门位置、电源或动力设备、上下游水位、流量及流态等情况进行检查，检查无误后才可操作运行。

四、闸门限位装置、行程提示标记完好。当闸门开启接近最大开度或关闭接近闸底时，要注意降低速度和及时停车，避免损坏闸门、启闭机；尽量避免小开度开启，以防闸门振动，当发生振动时，应及时调整开启高度。

五、电动启闭机应密切注意运行方向，防止反转造成事故，启闭结束后即切断电源。手电两用启闭应先用手动开启一定高度，以防止电源相位变化而发生启闭闸门等设施破坏，发生事故。

六、闸门运用中如需改变闸门运行方向时，应先停车，再反方向运行；凡有锁定设施的闸门，当启闭结束后，应立即予以锁定。

七、闸门启闭时如发生沉重、停滞、卡阻、杂声等异常情况，应及时停车检查原因，并予以处理。

八、闸门开启后，应仔细核对开启高度，观察上下游流态，检查制动设备，电动的切断电源等。

九、闸门操作人员要岗位培训，持证上岗，严禁未经培训无证人员操作闸门。

十、做好日常养护修理工作，保证闸门和启闭设备完好。

维修养护制度

一、工程维修养护以“经常养护、随时维修、养重于修、修重于抢”为原则，及时消除发现的缺陷或隐患，维持工程的正常功能与形象面貌。

二、根据工程检查和检测结果，依据《水利工程维修养护定额标准（试行）》，编制年度维修养护实施方案报主管部门和财政部门批准。

三、维修养护分为日常养护项目和专项维修项目两类。

四、日常养护项目应由具有相应资质的单位承担，明确项目负责人，建立质量保证体系，严格执行质量标准，保证项目质量。

五、专项维修项目应编制维修方案，必要时需委托设计单位进行方案设计或评审，报主管部门批准，施工单位需具有相应资质。

六、维修养护项目

（1）大坝：坝顶、坝端；坝坡、坝区；

（2）输、泄水建筑物：泄洪闸；引水发电洞；灌溉输水涵管等；

（3）金属结构设备：闸门；启闭机；拦污栅；

（4）电气设备：电动机；配电盘柜；供电线路；

（5）监测设施：大坝变形观测基点、测点；雨量站；测压管；水位站；视频监视设施等；

（6）备用柴油发电机：柴油发电机组；

（7）管理设施：防汛道路；管理用房；会商系统；预警设施；防汛物资等；

（8）其他：上、下游河道；

七、维修养护要求

（一）水工建筑物

（1）水工建筑物线直面平，结构完整、运行正常，无裂缝、破损、缺失、滑坡、孔洞、渗水、冲刷等缺陷或动植物危害，无积水、杂草、杂物等现象。

（2）大坝坝顶平整、防浪墙平顺，背水坡无杂草，大坝管理范围内无违章建构筑物。

（3）溢洪道无行水障碍物，无人为加高溢洪道底坎高程现象。

（4）坝面出现的坑凹或混凝土表面存在剥蚀、冲刷、风化或局部裂缝等可能危及大坝安全或明显影响外观的缺陷，应在1周内修复或在2个月内集中修复。

（5）溢洪道、排水沟（管）的淤泥、杂物，应在3天内完成清理；排水孔发生堵塞现象的，应在1周内完成处理。

（6）集水井、廊道发现杂物的，应在2天内完成清理或每周集中清理。

（7）边坡与岸坡应保持整体稳定、防护有效，无岩土体松动、掉块、坍塌等现象。

（8）发现库面存在漂浮物时，应及时清理。

（9）每年要制定白蚁防治计划，管理人员负责白蚁蚁害巡查和预防，发现存在明显蚁害安全隐患时，可委托专业白蚁防治公司进行处理。

（二）金属结构和机电设备

（1）金属结构和机电设备防腐及时、保洁到位，润滑良好、启闭灵活，使用正常、运行安全。

（2）闸门每年维修保养不少于1次，保养时库水位应降至汛限水位以下，清除表面水生物、泥沙、污垢等杂物，对闸门表面掉漆部位涂防锈漆，给运转部位加注润滑油。

（3）启闭机每年维修保养不少于1次，螺杆、钢丝绳每年涂润滑油脂不少于2次。保养时应对启闭机表面清洁，涂防锈漆保护，保持连接件紧固，无松动现象；保持承重螺母或螺纹无裂纹、磨损现象；保持限位装置固定，无松动现象。

（4）闸门门体、门槽、行走支承一般每3～5年防腐处理

1次。

(5) 止水设施根据需要更换，一般每3～5年更换1次。

(6) 钢丝绳应定期维护，一般每月检查1次，重点检查有无锈蚀、断丝，吊点结构是否牢固，受力是否均衡，每年至少加1次黄油；一般每5～10年更换1次，发现断丝应及时更换。

(7) 其他构件、设备部件受损的应及时更换。

(三) 其他建筑物及设施设备

(1) 管理设施应能保持功能正常，标牌醒目、清晰完整，防汛道路平整，交通安全通畅，环境整洁。

(2) 管理用房及启闭机室干净整洁，无抹灰脱落、杂物堆积、渗漏水、电线杂乱等现象。

(3) 监测设施应保持外观完好，能正常使用，精度满足规范要求，不满足要求时应及时修复或更换。

八、维护应包括日常维护、定期维护和专门维护。

(一) 日常维护应及时进行。

(二) 定期维护应在每年汛前、汛后等时间段进行。

(三) 专门维护应在极有可能出现问题或发现问题后，制定维护方案并及时进行，若不能及时进行维护施工时应采取临时性防护措施。

九、每次维护应做好详细的现场记录，有关人员需签名，如发现异常情况，应详细记录时间、部位、险情，必要时应测图、摄影或录像，且立即采取措施。

十、全年维护的记录、图件和报告等均应整理完整，并整编归档。

防汛物资管理制度

为贯彻“安全第一、常备不懈、以防为主、全力抢险”的防汛工作方针，规范防汛物资储备、调运管理，确保防汛抢险救灾工作的顺利开展，制定本制度。

一、防汛物资属专项储备物资，必须坚持“定额储备、专物专用、专业管理、保障急需”的原则，种类和数量应符合SL 298—2004《防汛物资储备定额编制规程》要求，要严格执行管理单位及上级单位的调度指令，未经批准，任何单位和个人不得动用。

二、防汛物资的入库验收，按照SL 297—2004《防汛储备物资验收标准》和有关规定执行，由防汛物资管理岗位人员负责清点、检查入库的物资，并建立物资台账和物资管理档案。

三、室外堆放的防汛物料要堆放整齐，物料池周边应有围挡，并在物料池附近树立公示牌，标明物料储备的种类、数量等信息。

四、仓库内的防汛物资按分类编号进行堆放，编号应易于查找、清点，并能明显标示出物资摆放所在的仓库位置、货架号、货架层号、货位号、货物号、货物材料编号等，保持仓库的清洁整齐，注意避光、通风、防潮、防腐、防虫、防水。

五、防汛物资的领用坚持“先进先出”原则，做到“五不出库”，即数量不清不出库；质量不合格不出库；手续不全不清不出库；设备工具、附件、零件不齐、不配套不出库；质量证明书、说明书、计量单等技术资料不全不出库。物资出库应建立相应管理台账。

六、仓库应当设置醒目的防火标志，库房内严禁使用明火。仓库内应当按照国家有关消防技术规范，设置、配备消防设施和器材。消防器材应当设置在明显和便于取用的地点，周围不准堆放物品和杂物。仓库的消防设施、器材，应当由专人管理，负责检查、维修、保养、更换和添置，保证完好有效，严禁圈占、埋压和挪用。

七、防汛物资超过储备年限或损坏必须及时报废更新。防汛物资有效储备年限（以生产日期起计）可参考《广东省省级防汛物资管理暂行办法》执行。

应急抢险及报告制度

第一部分 应急抢险

为加强水库安全管理，提高水库应对突发事件的能力，切实做好水库遭遇突发事件时的安全抢险调度和险情抢护工作，力保水库工程的安全，最大限度保障人民群众生命财产安全，减少损失，依据《中华人民共和国防洪法》《广东省防汛防台抗旱条例》《广东省水利工程安全管理条例》《广东省防汛防台抗旱应急预案》《水库安全应急预案编制导则（试行）》等规定，结合水库实际，制定本预案。

本预案适用于小型水库遭遇超标准洪水、大坝出现滑坡、坍塌、裂缝、管涌、渗漏等重大险情，发生地震、地质灾害、战争或恐怖事件等突发事件的情况。

一、编制原则

（一）以人为本原则，体现风险管理理念，尽可能避免或减少损失，特别是生命损失，保障公共安全。

（二）强调“预防为主”原则，通过对水库大坝可能突发事件的深入分析，事先制定减少和应对突发公共事件发生的对策。

（三）突出“可操作性”原则，预案以文字和图表形式表达，形成书面文件。

（四）力求“协调一致”原则，预案应和本地区、本部门其他相关预案相协调。

（五）实行“动态管理”原则，预案应根据实际情况变化适当修订，不断补充完善。

二、组织机构

根据应急工作需要，设立小型水库安全突发事件应急组织机构。机构设置主要由监测与巡查组、预警组、调度组、抢险组、信息保障组及后勤保障组构成。各小组职责和人员名单如下：

（一）监测与巡查组

职责：确保水工程设施和监测设备正常运行，实时监测水库流域内降水、径流以及工程安全运行信息，了解和掌握水库上、下游情况。对水库可能突发性安全事件的分析，要求在第一时间将事件变化情况向水库管理单位应急预警组汇报。

（二）预警组

职责：实时了解和掌握水库水、雨、工情及天气变化情况。对水库可能突发性安全事件深入分析后，根据水库突发性安全事件的严重程度及时向水库管理单位应急调度组汇报当时情况。

（三）调度组

职责：负责对突发性安全事件调度指挥，通过紧急会商后，根据事件事态严重程度向抢险组、信息保障组和后勤保障组发出指令，由信息保障组向有关单位和部门发出预警通知。

（四）抢险组

职责：控制事态发展，负责对事发现场紧急救援。

（五）信息保障组

职责：确保工程监测设施正常运行，保证应急抢险指挥信息畅通。

（六）后勤保障组

职责：确保应急抢险道路通畅，负责应急物资及车辆的调度，以及应急队伍的用餐等后勤保障工作。

三、突发事件等级划分

（一）特别重大（Ⅰ级）事件

凡发生以下情况之一者，并可能危及公共安全的，为特别重大（Ⅰ级）事件：

（1）水库发生溃坝险情，或发生重大工程险情，抢险工作十分困难，极易造成溃坝险情。

（2）上游水库发生溃坝，严重影响水库大坝安全。

（3）水库水位已达到或预计将超过校核水位。

（4）水库遭遇超标准洪水时下泄洪水对下游乡镇、居民生命财产可能构成极大威胁，或可能对重要基础设施造成巨大破坏。

（二）重大（Ⅱ级）事件

凡发生以下情况之一者，并可能危及公共安全的，为重大（Ⅱ级）事件：

（1）水库出现重大工程险情，但具备一定的抢险条件，工程险情在可控制范围内，一般不会造成溃坝险情。

（2）水库水位超过设计洪水位，但低于校核水位。

（3）水库遭遇超标准洪水时下泄洪水对下游乡镇、居民生命财产可能构成极大威胁，或可能对重要基础设施造成较大破坏。

（三）较大（Ⅲ级）事件

凡发生以下情况之一者，为较大（Ⅲ级）事件：

（1）水库出现险情，但工程抢险条件较好，险情可控制。

（2）水库水位超过正常蓄水位，但低于设计洪水位。

（3）水库遭遇超标准洪水时下泄洪水对下游乡镇、居民生命财产可能构成极大威胁，或可能对重要基础设施造成破坏。

（四）一般（Ⅳ级）事件

凡发生以下情况之一者，为一般（Ⅳ级）事件：

（1）水库出现局部一般险情，且工程险情可控制。

（2）水库遭遇洪水时下泄洪水对下游乡镇、居民生命财产、重要基础设施安全可能有不利影响。

四、预案启动

水库管理单位主要负责人根据突发性事件等级决定启动相应预警方案，发出相应预警级别标识，并向上级水利主管部门报告。采取应急响应后，水库管理单位根据事态发展，在权限范围内适时调整预警等级或解除并发布。

预警等级划分为Ⅰ～Ⅳ级，依次用红色、橙色、黄色、蓝色表示。预警信息一般使用广播、电视、通信网络、警报器或组织人员逐户通知。

五、应急处置

认真贯彻“安全第一、以防为主、常备不懈、全力抢险”的防汛方针，以“不垮坝、不死人、少损失”为工作目标，把人民的生命财产安全放在首位，做到防洪有组织，预防有措施，抢险有能力，后勤有保障，确保水库大坝安全运行，保证水库大坝及下游国家和人民生命财产安全。水库的应急抢险是以非工程措施原则，抓紧一切时机尽力进行抢险，以确保大坝和下游人民群众生命财产安全。根据水库大坝在运行过程中，库区发生超标准洪水、大坝出现各种险情和可能发生溃坝情况而预先制订的方案，其抢险预案划分为超标准洪水抢险预案和溃坝抢险预案。具体工作程序如下。

（一）超标准洪水

水库库区发生强降雨过程，出现超标准洪水和险情时，小型水库工程管理技术人员立即到实地迅速分析预报出库水位和险情发展趋势，并根据库水位上涨和险情发展趋势，立即向上级水利主管部门报告，并做好抗洪抢险救灾准备工作。

上级水利主管部门启动相应预案，水库管理单位按照自己的防汛职责，各司其职，迅速投入抗洪抢险救灾工作中。大坝有可能产生溃决，应采取一切措施全力抢护。

（二）溃坝抢险

水库大坝因渗漏、地震等失去稳定或若发生超标准洪水，经执行水库抢险预案抢护无效，水库大坝将发生溃决，水库管理单位应根据上级水利主管部门抗洪抢险救灾通知命令，按照自己的职责，迅速投入到组织人员撤离和抗洪抢险救灾工作中。

水库溃坝的抢护措施为：有溃坝前兆时应及时通知水库下游沿河两岸地区的人民迅速疏散，贵重财产转移，最大限度减少人员伤亡和财产损失，把损失降到最低限度。

当水库抢险组抢险力量不足时，可立即向上级水利主管部门报告，请求调动抢险队伍参与抢险，报告应明确需要的抢险队伍人员数量、抢险物资种类及数量、抢险任务等内容。

六、防汛应急工作保障

（1）小型水库管理单位作为小型水库突发事件应急管理

组织。

（2）防汛应急工作实行统一指挥、分组负责的工作体制，各防汛应急工作小组负责人应切实履行工作职责，合理调配人员，保证防汛应急工作的完成。

（3）各防汛应急工作小组应掌握汛情和工情，保障有关设施正常运行。认真做好防汛准备工作，保证应急工作人员及时到岗到位，保证通讯、设备、抢险和各种防汛通信系统、信息采集系统的正常运行。

（4）水库管理单位应当抓好应急队伍建设，组织人员进行应急处理相关知识、技能的培训及应急处理演练。

第二部分　报　　告

为贯彻落实“安全第一，预防为主、综合治理”的方针，确保工程发生重大安全事故能得到及时有效处理，根据《中华人民共和国安全生产法》等相关法律法规，结合水库实际，特制定本制度。

一、事项分类

（一）重大事项包括：大坝出现严重渗水、溃坝等险情；防汛专用电源出现事故且一时难以恢复；泄洪闸不能正常启闭；发生大暴雨或较大洪水；库水位骤升；库水位接近或超过校核洪水位；水库上游发生重大污染事件；发生人身伤亡事故；溢洪道阻塞或设计洪水位时泄洪闸启闭设备失灵。

（二）一般事项包括：塌坑；小范围纵向裂缝；较严重渗漏；局部近坝边坡滑坡。

二、报告一般以书面形式进行。遇重大生产责任事故或突发性事件，可先口头汇报，后以书面形式汇报事件的发生经过及处理情况。

三、重大事项，当班人员要立即向处领导汇报，并积极、主动采取补救措施，尽量将损失降到最低限度，特殊紧急情况可先采取补救措施再汇报。单位主要负责人接到重大事项报告后，应于1小时内向上级水利主管部门报告。

四、一般事项，当班人员要立即向单位领导汇报并及时处理，单位负责人第一时间分析判断，向上级水利主管部门汇报，采取措施、排查处置隐患，防止事项扩大。

五、检查发现的缺陷隐患，在汇报的同时要详细记录，并跟踪、封闭。

六、一般事项影响比较大或要列入抢险计划或年度重大更新改造的，水库管理单位负责人应及时向上级水行政主管部门进行专题汇报。

七、对工程事项及时报告并妥善采取措施，避免造成不良影响或事态扩大。

八、对工程事项隐瞒不报的、谎报的、延报的直接责任人、部门负责人、分管领导、知情人视情况予以处理。

岗位责任制度

一、单位负责人岗位职责

（一）贯彻执行国家有关法律、法规、方针政策及上级主管部门的决定、指令。

（二）全面负责行政、业务工作，保障工程安全，充分发挥工程效益。

（三）组织制定和实施单位的发展规划及年度工作计划，建立健全各项规章制度，不断提高管理水平。

（四）推动科技进步和管理创新，加强职工教育，提高职工队伍素质。

（五）负责防汛抢险总调度工作。

（六）是单位安全生产第一责任人。

二、技术总负责岗位职责

（一）贯彻执行国家有关法律、法规和相关技术标准。

（二）全面负责技术管理工作，掌握工程运行状况，保障工程安全和效益发挥。

（三）组织制定、实施科技发展规划与年度计划。

（四）组织制订调度运用方案、工程的除险加固、更新改造和扩建建议方案；组织制订工程养护修理计划，组织或参与专项工程验收工作。

（五）组织工程设施的一般事故调查处理，提出或审查有关技术报告；参与工程设施重大事故的调查处理。

（六）组织开展水利科技开发和成果的推广应用，指导职工技术培训、考核及科技档案工作。

（七）负责安全生产和防汛抢险有关技术工作。

三、巡查岗位职责

（一）承担大坝、溢洪道、输水涵管、库区及其他管理设施的巡查工作。

（二）负责制定巡查线路，并按既定巡查线路和巡查频次进行巡查。

（三）负责定期巡查和特别巡查申请，配合完成定期巡查和特别巡查。

（四）负责处理和上报巡视检查中发现异常现象。

（五）负责及时做好各项巡查记录。

四、监测岗位职责

（一）承担大坝安全监测工作，处理监测中出现的技术问题。

（二）承担大坝安全监测资料整编和分析工作，并提出工程运行状况报告。

（三）参与工程设施事故调查处理，提出初步技术分析意见。

五、操作运行岗位职责

（一）承担闸门启闭操作工作。

（二）承担各种电气设备、通信设备的运行操作工作。

（三）负责做好闸门、启闭机操作记录。

（四）承担闸门及启闭机的日常维护工作，承担电气设备及其线路日常检查及维护，巡查设备运行情况，及时处理常见故障并报告。

六、养护岗位职责

（一）负责处理闸门、启闭机、电气设备等运行中常见故障。

（二）定期巡查各类设备，正确抄录各项运行数据并填好各类报表。

（三）定期对大坝、溢洪道、输水涵管及设施设备进行保养，保证工程外观完整、各项设施设备达到规定的质量标准和运行周期。

防汛值班制度

根据《广东省防汛防旱防风条例》，水库每年汛期（4—10月）实行24小时值班制，汛期时间有调整的，按上级公布的汛期时间执行。为做好水库防汛工作，加强值班管理，制定本制度。

一、严格遵守劳动纪律、坚守工作岗位，汛期加强力量昼夜值班，非汛期坚持正常值班。

二、值班人员要随时了解天气预报、台风变化趋势，准确及时地掌握雨情、水情、工情、旱情，认真做好值班记录，收集资料并保存。

三、熟记各测站及本水库的测报任务，正点、准确收发信息。

四、遇有恶劣过程性天气预报、降大暴雨、山洪暴发，水库水位猛涨或高水位经计算预报值需要开泄洪闸时，值班人员应立即报告水库防汛领导。通知各防汛工作成员，加强对水工程、泄洪闸启闭设备、通讯设施、电源等相关设备的观测检查，发现应问题及时处理汇报。

五、值班人员应做好本站的库水位、降雨量、泄流量等观测，收集安全监测数据，估算入、出库水量、雨量，完成相关数据报送。

六、发现工程险情必须立即采取抢护措施，并及时向水库有关防汛负责人汇报。

七、注意对防汛防旱设备的维护保养，保证电力及通信畅通。

八、严格执行交接班制度，不得提前或擅自离岗。

九、值班人员除做好值班相关工作外，应保持值班室内外环境卫生，并做好消防治保工作，防止观测设备遭人为破坏。

十、值班情况列入个人工作考核，对工作不负责任，玩弄职守或擅自离岗的，根据情节给予行政处分，严重的追究法律责任。

大事记制度

大事记也称大事年表，是以时间为线索记载一个地区、一个单位、一个专题、一个历史阶段发生的重大事件（事实）的书面材料。大事记具有史料价值，为了全面、真实、准确地反映小型水库重要工作和重要事件，特制定本制度。

一、大事记编写范围

（一）管理单位成立、撤销、恢复、合并、体制变化、更名、迁址及内部机构的设置与变化。

（二）管理职能的确定与变化。

（三）管理单位人员的任免。

（四）印发的文件、文告及重要的规章制度的制定实施。

（五）党委会议、办公会议及通过作出的重要决议、决定。

（六）上级机关对小型水库的重要指示、决定和对管理单位重要问题请示的批复（答复）。

（七）主办或协办的重要活动。

（八）贯彻上级方针政策、重要工作部署及创造性的措施和经验。

（九）组织的历次政治学习及落实情况。

（十）工作的重大成就和重大失误。

（十一）各级领导到小型水库视察及重要指示。

（十二）负责人的重要活动。

（十三）重要基本建设工程及设施的兴建、竣工。

（十四）重要设备的购置、安装与投入使用。

（十五）重要合同与协议的签订。

（十六）年度财务计划及完成情况。

（十七）与兄弟单位的重要交流、往来及协作活动。

（十八）单位集体和个人获得的各种奖励和荣誉称号。

（十九）干部职工受重大党政纪律处分与刑事处分。

（二十）与外单位或个人的纠纷和诉讼活动。

（二十一）涉及小型水库的重大事件。

（二十二）重大事故。

（二十三）其他。

二、大事记主要内容

大事记主要内容包括时间、地点、人物、事件及文件的简要记述。

三、大事记编写方法

（一）大事记按月编写。采取序时、纪实方法编写。

（二）大事记中大事时间的编写应注意的问题。

（1）大事时间必须考证、换算准确，标示明晰，不得出现错误和含混不清。

（2）大事时间应详细，尽量写全年、月、日，必要时应写出时、分、秒。

（3）某些大事持续时间较长，并且在大事记中作为一个条目编写，其时间可以概括书写，也可以标明起止日期。

（三）大事记选事依据。

紧紧围绕大事记所要记述和反映的对象，勾勒全貌，突出重点，大事要事必载，小事琐事不取。其中明确大事记所要记述和反映的对象（即大事记的题目），搞清对象的性质、特点、客观内容与时间范围。

（四）编写大事条目的基本要求。

（1）编写大事条目一定要做到真实、可靠、准确，不仅基本内容要确切无疑、准确无误，各种具体史实（如时间、地点、人名、数字）的记述正确。

（2）编写大事条目一定要做到观点正确，详述得体。

（3）对于客观史实的叙述，可以详尽一些，也可以简略一些，但无论内容详略，文字都应当力求简明。

（4）为了使大事记正文眉目清楚，编写大事条目应坚持“一条一事”原则，即在一个条目中着重记述一件事情。

（5）对于持续时间较长的史实，应根据其特点，分别采用分条记述的方法，或按照纪事本末的体例，合并记述。

（6）编写大事条目要搞清各种客观史实之间的内在联系。

四、大事记编写上报程序

指定专人负责大事记的收集、撰写、审核、补充、调整，报管理单位主要负责人审签后装订成册交档案室存档。

五、本制度自公布之日起施行

档案管理制度

为确保档案管理规范化，制度化，加强工程档案管理，提高工程档案的系统性与完整性，结合档案管理规范和工程实际，制定本制度。

一、档案资料内容根据小型水库实际情况，凡在工作中形成的文件和具有查考利用价值的各类资料、原始记录、各种图表簿册、照片以及与本单位相关的上级事文等，各部门都要齐全完整地收集、整理、立卷和保管。工程档案应包括：

（一）各种工程运行、维护记录资料。

（二）各类工程安全监测与检查资料。

（三）各类水雨情信息资料。

（四）各类洪水调度资料。

（五）工程专项资料。

二、资料的收集、管理

（一）资料的日常管理需专人负责，由专人负责收集整理。

（二）各岗位、项目责任人是资料收集的第一责任人，要及时收集各类工程档案资料，随工作进度及时进行整理。

（三）工作实施完成后，及时将所有相关资料整理并转交给资料管理人员。

（四）收集的档案资料应项目齐全、字迹清楚、图面整洁、签章齐全。

（五）资料管理员每年按规定及时整理好移交档案室，办好移交手续，并对日常档案进行备份。

三、档案的保管和查阅

（一）所有档案必须入柜上架、科学排列，便于查找，避免随意堆放。

（二）文件柜、档案室要整洁卫生，做好防盗、防潮、防火、防虫、防霉变、防鼠患和防光等工作。档案管理员要勤检查，注重档案保护技术的学习和运用。

（三）本单位职工需要查阅和复印业务以外的档案资料，须报请分管领导批准；外单位人员要查阅、复印档案，必须经分管领导批准后，方可查阅；查阅档案必须在档案查阅室进行，所有档案一律不允许外借；档案管理员对查阅、复印档案情况必须如实进行登记。

四、档案保密要求

档案资料应按国家保密法的要求，做到保密安全；档案管理人员要严格按保密要求做好档案资料的保管和使用。

附录 15　小型水库闸门启闭机操作运行规程示例

附录 15.1　溢洪道闸门操作规程（电动卷扬式启闭机）

一、溢洪道闸门开启操作

（一）工作内容

（1）按照控制运用计划，听从防汛调度相关指令，接受闸门开启指令，逐步开启溢洪道工作闸门。

（2）将闸门开启各操作步骤完成，情况报告监护人员。

（二）工作流程

（1）接收闸门开启指令。

（2）闸门开启前检查。

（3）泄洪预警。

（4）润滑水打开确认。

（5）闸门开启操作。

（6）闸门开启后检查。

（7）关闭润滑水确认。

（8）填写闸门操作记录。

（三）工作要求

（1）溢洪道泄洪闸的开启，必须按照控制运用计划，听防汛指挥调度，不得接受其他任何部门关于闸门开启的命令。

（2）大坝工程管理岗位人员在接到闸门开启的指令后，应做好学习记录，并迅速召集有关人员，做好各项准备工作。

（3）根据三防调度指令中规定的开闸时间（一般情况下提前2小时、紧急情况下提前1小时），将预警信息通知下游河道沿岸有关乡镇。

（4）每次闸门开启时，人员配备不得少于 2 人，包括操作人员、监护人员。操作人员应经过相关培训合格，并获得相应的上岗证书，方可上岗作业。操作人员应明确责任，熟练掌握操作流程及设备操作，不得违章作业。

（5）打电话到防汛值班室，确认防汛预警工作的完成情况及发现的问题，并把确认结果报告监护人员。

（6）闸门开启前检查：

1）上下游是否有影响泄洪的船只、漂浮物、杂物、捕鱼等情况。

2）闸门起吊范围内、门槽、闸门支绞等是否有障碍物。

3）检查变速箱、制动器、卷筒、钢丝绳等是否安全可靠。

4）检查控制柜和供配电屏设备、路线、电压、指示灯等是否正常可靠。

5）发现异常情况，立刻检查并及时处理。

（7）经检查确认没有问题，在闸门开启前检查记录表签字后，方可进行闸门的启闭操作。

（8）开启泄洪预警：

1）预备警报：在准备泄洪前 1 小时，鸣警二长声（长声 30 秒，间隔 20 秒）。

2）启闸警报：预备警报发出 1 小时后，先鸣警一长声，再鸣二短声（长声 30 秒，短声 10 秒，每间隔 20 秒），短声结束后，再次确认下游河道内是否有人，准备启闸泄水。

（9）确认润滑水开启：闸门开启前 5 分钟，打开润滑水。与观察人员确认轨道、闸门橡皮润滑充分。

（10）打开电源：打开闸门控制柜，合上空气开关，通电后控制柜电源指示灯亮（红）。

（11）闸门开启至指令高度：按开启按钮，持续观察闸门开度仪数字，达到指令要求高度时，按下停止按钮。

（12）观察启闭设备、钢丝绳状态、上下游水位、溢流堰流态等是否异常。

（13）关闭电源：打开闸门控制柜，断开空气开关，关闭闸门控制柜，确认电源关闭（电源指示灯灭）。

（14）确认润滑水关闭：与监护人员确认润滑水关闭。

（15）闸门开启期间，操作人员和监护人员 24 小时不间断值守、检查。

（16）启闭过程中，如有任何异常发生，应立即停机检查，确认没问题后方可操作。

（四）工作报告与记录

记录好闸门启闭操作单，向值班室反馈。

二、溢洪道闸门关闭操作

（一）工作内容

（1）根据监护人员指令，逐步关闭溢洪道工作闸门。

（2）将闸门关闭各操作步骤完成，情况报告监护人员。

（二）工作流程

（1）接收闸门关闭指令。

（2）闭闸警报。

（3）闸门关闭前检查。

（4）润滑水打开确认。

（5）闸门关闭操作。

（6）闸门关闭后检查。

（7）关闭润滑水确认。

（8）填写闸门操作记录。

（三）工作要求

（1）操作人员必须持证上岗，操作过程必须有 2 名工作人员（操作人、监护人）同时在岗。

（2）接收调度指令并确认。

（3）闭闸警报：鸣警一长声后即闭闸关水（长声 30 秒）。

（4）闸门关闭前检查

1）闸门起吊范围内、门槽、闸门支绞等是否有障碍物。

2）开启电源开关，检查电压、指示灯等是否正常。

（5）确认润滑水开启：闸门开启前5分钟，打开润滑水。与观察人员确认润轨、闸门橡皮润滑充分。

（6）打开电源：打开闸门控制柜，合上空气开关，控制柜电源指示灯亮（红）。

（7）闸门关闭至指令高度：按关闭按钮，持续观察闸门开度仪数字，如果闸门全部关闭，按关闭按钮直至闸门开度为0；如局部关闭在达到指令要求高度时，按下停止按钮。

（8）闸门关闭后检查：查看启闭设备、钢丝绳状况。

（9）关闭电源：打开闸门控制柜，断开空气开关，关闭闸门控制柜，确认电源关闭（电源指示等灭）。

（10）确认润滑水关闭：与观察人员确认润滑水关闭。

（11）操作完成后及时报告，做好记录并归档保存。

（四）工作报告与记录

记录好闸门启闭操作单，向值班室反馈。

附录 15.2　涵管闸门操作规程（电动卷扬式启闭机）

一、涵管闸门开启操作

（一）工作内容

（1）根据监护人员指令，逐步操作开启输水涵管工作闸门。

（2）将闸门开启各操作步骤的完成情况，报告监护人员。

（二）工作流程

输水涵管闸门开启总体流程为：

（1）签收闸门操作指令。

（2）闸门开启前检查。

（3）闸门开启操作。

（4）闸门开启后检查。

（5）记录操作情况。

（三）工作要求

（1）闸门启闭机、电气设备的操作人员必须持证上岗，操作过程不少于 2 人，一人操作，一人监护。

（2）闸门开启前检查：

1）启闭机械各连接处是否牢固，润滑系统是否完好，钢丝绳是否完好，有无断丝、腐蚀现象，制动器是否良好。

2）检查三相电源电压是否正常，配电线路有无老化现象。

3）检查电机电气控制回路工作是否正常。

（3）闸门开启操作：

1）全部检查合格后，合上电源闸刀。

2）闸门开启过程中要注意检查钢丝绳的受力情况及各转动部位的运行情况。

3）待闸门运动到预定位置时停止，投入锁定装置，拉开电源闸刀，切断电源，一次操作完成。

（4）全面检查各部位，做好相关记录。

（四）工作报告与记录

在每项工作完成后，把操作工作的完成情况报告监护人员。在监护人员填写操作记录后，在记录单上签字。

二、涵管闸门关闭操作

（一）工作内容

（1）根据监护人员指令，逐步操作关闭输水涵管工作闸门。

（2）将闸门关闭各操作步骤的完成情况，报告监护人员。

（二）工作流程

输水涵管闸门关闭总体流程为：

（1）签收闸门操作指令。

（2）闸门关闭前检查。

（3）闸门关闭操作。

（4）闸门关闭后检查。

（5）记录操作情况。

（三）工作要求

（1）闸门启闭机、电气设备的操作人员必须持证上岗，操作过程不少于2人，一人操作，一人监护。

（2）闸门关闭前检查：

1）启闭机械各连接处是否牢固，润滑系统是否完好，钢丝绳是否完好，有无断丝、腐蚀现象，液压制动器是否良好。

2）检查三相电源电压是否正常，配电线路有无老化现象。

3）检查电机电气控制回路工作是否正常。

（3）闸门关闭操作：

1）全部检查合格后，合上电源闸刀，解除锁定装置。

2）关闭闸门，待闸门全关时，检查闸门是否到位。

（4）全面检查各部位，做好相关记录。

（四）工作报告与记录

在每项工作完成后，把操作工作的完成情况报告监护人员。在监护人员填写操作记录后，在记录单上签字。

附录 15.3　涵管闸门操作规程（电动螺杆式启闭机）

一、涵管闸门开启操作

（一）工作内容

（1）根据监护人员指令，逐步操作开启输水涵管工作闸门。

（2）将闸门开启各操作步骤的完成情况，报告监护人员。

（二）工作流程

（1）签收闸门操作指令。

（2）闸门开启前检查。

（3）闸门开启操作。

（4）闸门开启后检查。

（5）记录操作情况。

（三）工作要求

（1）闸门启闭机、电气设备的操作人员必须持证上岗，操作过程不少于 2 人，一人操作，一人监护。

（2）闸门开启前检查：

1）启闭机械各连接处是否牢固，齿轮啮合是否正确，润滑系统是否完好。

2）检查三相电源电压是否正常，配电线路有无老化现象。

3）检查电机电气控制回路工作是否正常。

（3）闸门开启操作：

1）全部检查合格后，开机时先手摇启动上下几次，达到正常后合上电源闸刀。

2）闸门开启过程中要注意检查各转动部位的运行情况。

3）待闸门运动到预定位置时停止，投入锁定装置，拉开电源闸刀，切断电源。

（4）全面检查各部位，做好相关记录。

（四）工作报告与记录

在每项工作完成后，把操作工作的完成情况报告监护人员。在监护人员填写操作记录后，在记录单上签字。

二、涵管闸门关闭操作

（一）工作内容

（1）根据监护人员指令，逐步操作关闭输水涵管工作闸门。

（2）将闸门关闭各操作步骤的完成情况，报告监护人员。

（二）工作流程

（1）签收闸门操作指令。

（2）闸门关闭前检查。

（3）闸门关闭操作。

（4）闸门关闭后检查。

（5）记录操作情况。

（三）工作要求

（1）闸门启闭机、电气设备的操作人员必须持证上岗，操作过程不少于2人，一人操作，一人监护。

（2）闸门关闭前检查：

1）启闭机械各连接处是否牢固，齿轮啮合是否正确，润滑系统是否完好。

2）检查三相电源电压是否正常，配电线路有无老化现象。

3）检查电机电气控制回路工作是否正常。

（3）闸门关闭操作：

1）全部检查合格后，合上电源闸刀，解除锁定装置。

2）关闭闸门至开度小于10cm时拉下电源闸刀关机，转为手动慢速关闭转动至最终阻力增大时终止，严禁接近终止时猛力转紧。待闸门全关时，检查闸门是否到位。

（4）全面检查各部位，做好相关记录。

（四）工作报告与记录

在每项工作完成后，把操作工作的完成情况报告监护人员。在监护人员填写操作记录后，在记录单上签字。

附录 15.4　涵管闸门操作规程
（手动卷扬式启闭机）

一、涵管闸门开启操作

（一）工作内容

（1）根据调度指令，逐步操作开启输水涵管工作闸门。

（2）将闸门开启各操作步骤的完成情况，全程记录，出现异常报告主管负责人。

（二）工作流程

（1）签收闸门操作指令。

（2）闸门开启前检查。

（3）闸门开启操作。

（4）闸门开启后检查。

（5）记录操作情况。

（三）工作要求

（1）闸门开启前检查。启闭机械各连接处是否牢固，润滑系统是否完好，钢丝绳是否完好，有无断丝、腐蚀现象，制动器是否良好。

（2）闸门开启操作。全部检查合格后，手摇启动上下几次，达到要求开度后停止，并检查能否锁定。闸门开启过程中要注意检查钢丝绳的受力情况及各转动部位的运行情况。

（3）全面检查各部位，做好相关记录。

（四）工作报告与记录

在每项工作完成后，把操作工作的完成情况完整记录好，在记录后面签字。

二、涵管闸门关闭操作

（一）工作内容

（1）根据调度指令，逐步操作关闭输水涵管工作闸门。

（2）将闸门关闭各操作步骤的完成情况，全程记录，出现异常报告主管负责人。

（二）工作流程

（1）签收闸门操作指令。

（2）闸门关闭前检查。

（3）闸门关闭操作。

（4）闸门关闭后检查。

（5）记录操作情况。

（三）工作要求

（1）闸门关闭前检查。启闭机械各连接处是否牢固，润滑系统是否完好，钢丝绳是否完好，有无断丝、腐蚀现象，制动器是否良好。

（2）闸门关闭操作。全部检查合格后，执行转动关闭操作，待闸门全关时，检查闸门是否到位。

（3）全面检查各部位，做好相关记录。

（四）工作报告与记录

在每项工作完成后，把操作工作的完成情况完整记录好，在记录后面签字。

附录 15.5 涵管闸门操作规程（手动螺杆式启闭机）

一、涵管闸门开启操作

（一）工作内容

（1）根据调度指令，逐步操作开启输水涵管工作闸门。

（2）将闸门开启各操作步骤的完成情况，全程记录，出现异常报告主管负责人。

（二）工作流程

（1）签收闸门操作指令。

（2）闸门开启前检查。

（3）闸门开启操作。

（4）闸门开启后检查。

（5）记录操作情况。

（三）工作要求

（1）闸门开启前检查。启闭机械各连接处是否牢固，齿轮啮合是否正确，螺杆润滑系统是否完好。

（2）闸门开启操作。全部检查合格后，手摇启动上下几次，达到要求开度后停止，并检查能否锁定。

（3）全面检查各部位，做好相关记录。

（四）工作报告与记录

在每项工作完成后，把操作工作的完成情况完整记录好，在记录后面签字。

二、涵管闸门关闭操作

（一）工作内容

（1）根据调度指令，逐步操作关闭输水涵管工作闸门。

（2）将闸门关闭各操作步骤的完成情况，全程记录，出现异常报告主管负责人。

（二）工作流程

（1）签收闸门操作指令。

（2）闸门关闭前检查。

（3）闸门关闭操作。

（4）闸门关闭后检查。

（5）记录操作情况。

（三）工作要求

（1）闸门关闭前检查。启闭机械各连接处是否牢固，齿轮啮合是否正确，螺杆润滑系统是否完好。

（2）闸门关闭操作。全部检查合格后，执行转动关闭操作，至开度小于10cm时慢速转动至最终阻力增大时终止，严禁接近终止时猛力转紧。待闸门全关时，检查闸门是否到位。

（3）全面检查各部位，做好相关记录。

（四）工作报告与记录

在每项工作完成后，把操作工作的完成情况完整记录好，在记录后面签字。

附录 16　小型水库调度运用方案编制指南

1　总则

1.1　为加强水库调度运用管理，规范小型水库调度运用方案编制内容和要求，制定本指南。

1.2　本指南适用于总库容 10 万 m^3 以上、1000 万 m^3 以下小型水库调度运用方案的编制工作。坝高 15m 以上或总库容 100 万 m^3 以上，且具备泄洪调度设施条件的，宜按照 SL 706《水库调度规程编制导则》编制。

1.3　调度运用方案是小型水库调度运用和调度运用计划编制的依据性文件，坚持“安全第一、统筹兼顾”的原则，在保证水库大坝安全前提下，协调防洪、灌溉、供水、发电等任务关系，发挥水库综合利用效益。

1.4　根据水库承担的任务和调度设施条件，小型水库调度运用方案主要内容包括：调度条件与依据、防洪调度、兴利调度、应急调度、调度管理、附表附图等。

调度运用方案应在封面或前言中说明编制目的、适用范围、编制单位、审批部门、审定时间等。

2　调度条件与依据

2.1　水库基本情况。主要包括工程位置、建设时间、集水面积、主要功能、工程等级、洪水标准、特征水位与相应库容，工程布置与结构特性，防汛道路、通信条件与供电设施，水雨情和工情监测情况。

2.2　泄输水设施及下游行洪条件。简述泄输水建筑物布置情况、控制性高程、泄洪输水能力，是否有闸控制，启闭设施、供电保障情况，以及下游河道安全泄量。

2.3　调度任务与条件。水库承担的主要任务、调度要求和控制性指标，包括防洪保护对象、保护标准，灌溉对象、不同时期灌溉用水量，供水对象、供水用水量等。

2.4　大坝安全状况及存在的主要问题。根据现场安全检查、最近一次水库大坝安全鉴定结论或除险加固情况，简述目前大坝安全状况及存在影响工程安全和水库调度的主要问题。说明近年来水库遭遇大洪水或高水位运行情况，对存在严重安全隐患或被鉴定为三类坝、二类坝的，应明确控制运用措施。

2.5　水库上、下游基本情况。简述水库上下游水利工程影响，上、下游影响范围内城镇、乡村、厂矿人口及交通基础设施等情况。

2.6　其他资料。与水库运行调度相关的其他基础资料，主要包括水库特征参数表、工程位置图、枢纽平面布置图、挡水建筑物纵横剖面图、泄洪建筑物纵横剖面图、输水建筑物纵横剖面图等。

3　防洪调度

3.1　调度原则。说明防洪调度运用的原则。

3.2　防洪调度运用内容包括防洪调度时段和汛期限制水位、防洪调度方式。

（1）防洪调度时段，即汛期，指江河洪水在一年中集中出现明显的时期，应 结合地方实际与经验合理确定。

（2）汛期限制水位，即汛限水位，是协调防洪与兴利关系、保障水库防洪安全而设定的水位参数指标，在汛期内库水位应控制在该水位以下，只有遭遇洪水过程时允许出现短暂超越现象，洪水过后应当及时回落至汛限水位以下。

（3）防洪调度方式。应当依据防洪任务、设计洪水、水位库容关系、泄洪条件拟定防洪调度方式。

对设计洪水、水位库容关系、泄洪条件无明显变化的，按原定调度方式和参数进行防洪调度。对无设计洪水，或设计洪水、水位库容关系、泄洪条件之一发生明显变化的，进行设计洪水、水位库容关系与泄洪条件复核，通过调洪演算确定防洪调度方式和参数。

对泄洪设施无闸控制的，以库水位超过堰顶高程自由泄流为防洪运用基本方式。对泄洪设施有闸控制的，当降雨量和库水位低于一定条件时，采取逐渐开启闸门的控制泄量方式调度；当降雨量和库水位超过一定条件时，采取闸门全开的敞泄调度运用方式；洪水过后，尽快将库水位回落至汛限水位以下。

3.3 防洪调度运用应关注的几个问题：

（1）汛期库水位应严格按照汛限水位控制，不得擅自超越，不得在泄洪设施上设置任何影响泄洪的子玲、拦鱼网等挡水阻水障碍物。

（2）对工程存在严重安全隐患或鉴定为三类坝、二类坝需明确限制运用水位，实施控制运用；当限制运用水位低于溢洪道堰顶高程时，应落实满足库水位降低要求的必要条件，如抽水泵、倒虹吸等泄流措施。

（3）在泄洪过程中，应加强泄洪设施安全、挡水建筑物安全（重点关注接触渗流、坝脚冲刷等问题）、下游行洪通道安全的巡查，发现问题及时报告。

（4）对长期低水位或空库运行的水库，应高度重视旱涝急转情况下的调度运用，遭遇洪水时应采取措施控制水位上涨速度，加强大坝安全巡查。

（5）有条件的地区可根据降水和下垫面条件，推算降水与入库水量关系，编制降水—库水位—泄量查算表，提升防洪调度预测预警能力。

4 兴利调度

4.1 调度原则。说明灌溉、供水、发电等兴利调度原则。

（1）兼有防洪和兴利任务的水库，应协调兴利与防洪的关系，兴利服从防洪，在确保防洪安全前提下，发挥兴利效益。有条件的可绘制水库用水调度图。

（2）兼有灌溉和供水任务的水库，遇特殊干旱年或发生供水矛盾时，优先保障生活供水。

（3）兼有发电任务的水库，电调服从水调；有新增生态调度要求的水库，应尽量调剂水量补充生态供水。

4.2　调度任务。根据灌溉、供水、发电等功能和调度要求，合理调配水量，发挥水库的综合利用效益。

4.3　取水水位和用水量。说明灌溉、供水、发电的取水水位和用水量。

5　应急调度

5.1　调度原则。说明水库应急调度的原则。

5.2　调度启动。说明启动和结束水库应急调度的条件与部门。

5.3　调度任务。说明水库遇超标准洪水、重大工程险情、地震、水污染等突发事件时的调度要求。

（1）对遭遇超标准洪水，说明遭遇超标准洪水的调度方式。

（2）对遭遇重大工程险情、地震等突发事件，提出降低库水位的调度措施，明确限制运用水位、水位降落速度等控制条件。

（3）对遭遇水污染突发事件，立即停止供水，进行水质检测，确定水污染类型与程度，按照应急处置要求进行调度。

5.4　应急调度应与水库大坝安全管理（防汛）应急预案衔接，协调相应的应急调度方案，并根据事件发展变化调整调度方式。

6　调度管理

6.1　按照“分级负责、责权对等”原则，明确水行政主管部门、水库主管部门、水库管理单位（产权所有者）的相应责任与权限，落实管护人员调度操作要求。

6.2　建立水库调度信息、闸门操作、防汛值守等工作制度。

6.3　明确水雨情监测、调度指令、巡视检查、泄洪预警信息沟通机制。

6.4　明确水雨情信息、闸门启闭、洪水过程、工程情况、调度指令等调度信息的记录方式，做好调度信息记录，及时整理档案。

附录 17　小型水库大坝安全管理（防汛）应急预案编制指南

1　总则

1.1　为提高小型水库突发事件应急处置能力，规范和指导小型水库大坝安全管理（防汛）应急预案（以下简称预案）编制工作，制定本指南。

1.2　本指南适用于总库容 10 万 m^3 以上、100 万 m^3 以下小型水库预案编制。对于坝高 15m 以上或总库容 100 万 m^3 以上，且对下游城镇、村庄、厂矿人口，以及交通、电力、通信设施等有重要影响的水库，宜按照 SL/Z 720《水库大坝安全管理应急预案编制导则》编制。

1.3　预案编制应以保障公众安全为首要目标，按照“以人为本、分级负责、预防为主、便于操作”的原则，重点做好突发事件监测、险情报告、分级预警、应急调度、工程抢险和人员转移方案，明确应急救援、交通、通信、电力等保障措施。

1.4　预案内容主要包括水库基本情况、突发事件分析、应急组织、监测预警、应急响应、人员转移、应急保障、宣传演练、附表附图等。

1.5　预案封面应标注编制单位、批准单位、备案单位、发放对象、有效期等。

1.6　预案应根据情况变化适时修订。当水库工程情况、应急组织体系、下游影响等发生变化时，应当进行修订，并履行审批和备案程序。

2　突发事件分析

2.1　水库基本情况

（1）工程基本情况。水库地理位置、兴建年代、集水面积、洪水标准、特征水位与相应库容，工程地质条件及地震基本烈度，枢纽布置及大坝结构，泄洪设施与启闭设备，防汛道路、通信条件与供电设施，水雨情和工情监测情况，下游河道安全泄量，主管部门、管理机构和管护人员，工程特性表等。

（2）大坝安全状况。大坝安全状况及存在的主要安全隐患。

（3）上下游影响情况。水库上游水利工程情况；下游洪水淹没范围内集镇、村庄、厂矿、人口，及水利工程、基础设施等分布情况。

（4）水库运行历史上遭遇的突发事件、应急处置和后果情况等。

2.2　可能突发事件

水库大坝突发事件包括超标准洪水、破坏性地震等自然灾害，大坝结构破坏、渗流破坏等工程事故，以及水污染事件等。

突发事件分析应考虑溃坝和不溃坝两种情况，有供水任务的水库还应分析水污染事件影响范围和程度。

（1）溃坝情况。溃坝破坏模式根据工程实际确定。土石坝重点考虑超校核标准洪水导致漫顶溃坝、超设计标准洪水遭遇泄洪设施闸门故障导致库水位被逼高漫顶溃坝、正常蓄水位遭遇地震导致大坝滑坡溃坝、正常蓄水位遭遇穿坝建筑物发生接触渗漏溃坝等情况；混凝土坝或浆砌石坝重点考虑超校核标准洪水导致坝体整体失稳溃坝、超设计标准洪水遭遇泄洪设施闸门故障导致库水位被逼高后坝体整体失稳溃坝、正常蓄水位遭遇地震发生大坝整体失稳溃坝等情况。

（2）不溃坝情况。重点分析工程运用过程中，遇设计洪水标准和校核洪水标准情况。

2.3　洪水后果分析

（1）分析突发事件洪水影响范围和程度，主要内容包括出库洪水、洪水演进和洪水风险图。

（2）分析方法原则上采用理论计算方法。对洪水影响范围较小的，可参照防汛经验、历史洪水等情况，由水行政主管部门会同属地人民政府确定洪水影响范围。

（3）采用理论计算方法分析时，应符合以下要求：

①出库洪水主要估算出库洪水最大流量。溃坝情况土石坝按逐步溃决、混凝土坝和浆砌石坝按瞬时全溃估算，不溃坝情况按设计和校核标准查算下泄洪水。

②洪水演进主要估算最大淹没范围和洪水到达时间。根据下游区域地形条件和历史洪水情形，估算洪水淹没范围和到达时间。

③洪水风险图主要明确淹没范围和保护对象。根据洪水淹没范围查明城镇、村庄、厂矿人口及重要设施等情况，确定人员转移路线和安置点。

2.4　水污染后果分析

根据水库功能和供水对象，分析水污染事件影响范围和严重程度。

3　应急组织

3.1　水库所在地人民政府是水库大坝突发事件应急处置的责任主体，负责或授权相关部门组织协调突发事件应急处置工作。水库主管部门、水库管理单位（产权所有者）和水行政主管部门负责预案制定、宣传、演练，巡视检查、险情报告和跟踪观测，并根据自身职责参与突发事件应急处置工作。

3.2　按照属地管理、分级负责的原则，明确水库大坝突发事件应急指挥机构和指挥长、成员单位及其职责。应急指挥长应由地方人民政府负责人担任，可下设综合协调、技术支持、信息处理、保障服务小组，各组成员可由县乡人民政府及应急、水利、公安、通信、交通、电力、卫生、民政等部门及影响范围内村组人员组成。

应绘制预案应急组织体系框架图，明确地方人民政府及相关部门与应急指挥机构、水库主管部门与管理单位（产权所有者）等相关各方在突发事件应急处置中的职责与相互之间的关系。示例详见应急组织体系框架。

3.3　地方人民政府负责组建应急管理机构，职责为：落实应急指挥机构指挥；确定应急指挥成员单位组成，明确其职责、责任人及联系方式；组织协调有关部门开展应急处置工作。

3.4　水行政主管部门负责提供专业技术指导，职责为：参与预案实施全过程，提供应急处置技术支撑；参与应急会商，完成应急指挥机构交办任务；协助建立应急保障体系，指导预案演练。

3.5　水库主管部门负责组织预案编制和险情处置，职责为：筹措编制经费，组织预案编制：参与预案实施全过程，组织开展工程险情处置；参与应急会商，完成应急指挥机构交办任务；组织预案演练。

3.6　水库管理单位（产权所有者）负责巡视检查、险情报告和跟踪观测，其职责为：筹措编制经费，共同组织预案编制；负责巡视检查、险情报告和跟踪观测；参与预案实施全过程，配合开展工程抢险和应急调度，完成应急指挥机构交办任务；参与预案演练。

3.7　防汛行政、技术、巡查三个责任人按照履职要求，参与应急处置相关工作。

4　监测预警

4.1　水库巡查人员应当通过水雨情测报、巡视检查和大坝安全监测等手段，对水库工程险情进行跟踪观测。

4.2　当水雨情、工程险情达到一定程度时，巡查人员应立即报告技术责任人。情况紧急时，可越级向大坝安全政府责任人、防汛行政责任人、当地政府应急部门等报告。发生溃坝险情时，可直接向下游淹没区发布警报信息。

（1）明确报告条件。当遭遇以下情况时，应当立即将情况报告有关部门。不同情况对应的有关部门应予以明确。

①遭遇持续强降雨，库水位超正常蓄水位或溢洪道堰顶高程，且继续上涨。

②遭遇强降雨，库水位上涨，泄洪设施边坡滑坡堵塞进口或

行洪通道。

③遭遇强降雨，库水位上涨，泄洪设施闸门无法开启。

④大坝出现裂缝、塌陷、滑坡、渗漏等险情。

⑤供水水库水质被污染。

⑥其他危及大坝安全或公共安全的紧急事件。

（2）明确报告时限。发生突发事件时，巡查人员等发现者应当立即报告有关部门。有关部门应当根据突发事件情形，及时报告上级有关部门，对出现溃坝、决口等重大突发事件，应按有关规定报告国家有关部门。上述有关部门均应予以明确。

（3）明确报告内容。报告内容应包含水库名称、地址，事故或险情发生时间、简要情况。

（4）明确报告方式。突发事件报告可采用固定电话、移动电话、超短波电台、卫星电话等方式，确保有效可靠。

（5）书面报告要求。后续报告应当以书面形式报告，主要内容包含水库工程概况、责任人姓名及联系方式，工程险情发生时间、位置、经过、当前状况，已经采取的应对措施，造成的伤亡人数等。

4.3　水库防汛技术责任人接到巡查人员报告后，应立即向大坝安全政府责任人、防汛行政责任人及当地人民政府应急部门和防汛指挥机构报告，并立即赶赴水库现场，指导巡查人员加强库水位和险情变化等跟踪观测，做好观测记录与后续报告。

4.4　应急指挥机构根据事件报告，以及降雨量、库水位、出库流量、工程险情及下游灾情等情况，组织应急会商，分析研判事件性质、发展趋势、严重程度、可能后果等，确定预警级别和响应措施，并适时向下游公众、参与应急响应和处置的部门和人员发布预警信息。

4.5　突发事件预警级别根据可能后果划分为Ⅰ级、Ⅱ级、Ⅲ级、Ⅳ级。预警级别确定的原则如下（各地可根据当地实际情况进行调整）：

（1）Ⅰ级预警（特别严重）：

①暴雨洪水导致库水位超过校核洪水位，大坝可能漫顶或即

将漫顶。

②大坝出现特别重大险情，溃坝可能性大。

③洪水淹没区内人口 15 人以上。

（2）Ⅱ级预警（严重）：

①暴雨洪水导致库水位超过设计洪水位，可能持续上涨。

②大坝出现重大险情，溃坝可能性较大。

③洪水淹没区内人口 300 人以上。

（3）Ⅲ级预警（较重）：

①降雨导致库水位超过历史最高洪水位（低于设计洪水位的情形）。

②大坝出现较严重险情。

③洪水淹没区内人口 30 人以上。

④1000 人以上供水任务的水库水质被污染。

（4）Ⅳ级预警（一般）：

①库水位超过正常蓄水位或溢洪道堰顶高程，且库区可能有较强降雨过程。

②大坝存在严重安全隐患，出现险情迹象。

③1000 人以下供水任务的水库水质被污染。

5　应急响应

5.1　预警信息发布后，应立即启动相应级别的应急响应，并采取必要处置措施。当突发事件得到控制或险情解除后，应及时宣布终止。

5.2　应急响应级别对应于预警级别，相应启动Ⅰ级、Ⅱ级、Ⅲ级、Ⅳ级响应，并根据事态发展变化及时调整响应级别。

5.3　不同级别的应急响应如下（各地可根据当地实际情况进行调整）：

（1）Ⅰ级响应：

①应急指挥长立即赶赴水库现场，确定应对措施，并将突发事件情况报告上级人民政府和有关部门，请求上级支援。

②按照人员转移方案，立即组织洪水淹没区人员转移。

③快速召集专家组和抢险队伍，调集抢险物资和装备，开展应急处置。

④对事件变化和水雨情开展跟踪观测。

（2）Ⅱ级响应：

①应急指挥长主持会商确定应对措施，并将突发事件情况报告上级人民政府和有关部门。

②应急指挥长带领专家组赶赴现场，召集抢险队伍，调集抢险物资和装备，开展应急处置。

③根据事态紧急情况决定人员转移，按照方案有序组织实施。

④加强事件变化和水雨情跟踪观测。

（3）Ⅲ级响应：

①水行政主管部门（或水库主管部门）组织会商，研究提出应对措施，并将突发事件情况报告地方人民政府和有关部门。

②水行政主管部门（或水库主管部门）组织专家，召集抢险队伍，调集抢险物资和装备，开展应急处置。

③通知洪水淹没区人员做好转移准备，必要时按人员转移方案进行转移。

④加强事件变化和水雨情跟踪观测。

（4）Ⅳ级响应：

①水库主管部门（或防汛行政责任人）组织会商，报告防汛行政责任人（或水库主管部门），采取应对措施，将重要情况报告当地人民政府和有关部门。

②做好抢险队伍、物资和装备准备，根据情形采取必要的处置措施。

③落实现场值守，加强巡视检查和水雨情测报。

5.4　应急处置措施主要包括如下方面：

①应急调度。根据突发事件情形和应急调度方案，明确调度权限和操作程序，采取降低库水位、加大泄流能力、控制污染水体等措施，并根据水情、工情、险情及灾情变化情况实时调整。

②工程抢险。根据突发事件性质、位置、特点等明确抢险原则、方法、方案和要求，落实抢险队伍召集和抢险物资调集方式。

③人员转移，根据洪水淹没区内乡镇村组、街道社区、厂矿企业人口分布和地形、交通条件，制订人员转移方案，明确人员转移路线和安置位置，绘制人员转移路线图，最大限度保障下游公众安全。

示例详见应急响应流程图、人员转移路线图、分级响应表。

6　人员转移

6.1　根据洪水后果分析成果制订人员转移方案，按照洪水到达前人口转移至安置 点或安全地带的原则，确定人员转移范围、先后次序、转移路线、安置地点，落实负责转移工作及组织淹没区乡镇村组、街道社区、厂矿企业等责任单位和责任人，明确通信、交通等保障措施。

利用洪水到达时间差异做好预警，优化人员转移方案，有序组织人员转移。

6.2　根据淹没区乡镇村组、街道社区、厂矿企业分布和地形、交通条件确定转移路线，以转移时间短、交通干扰少及便于组织实施为设计原则，明确转移人数和路线、安置地点和交通措施，绘制人员转移路线图。

转移范围较大或转移人员较为分散的，可分区域确定转移路线；分区设置转移路线的，应当做好统筹协调，避免干扰。

6.3　设定转移启动条件，当水库大坝发生突发事件，采取应急调度和工程抢险仍无法阻止事态发展，可能威胁公众生命安全时，应对可能淹没区人员进行转移。

接到人员转移警报、命令或Ⅰ级响应后，应急管理机构应立即组织洪水淹没区人员全部转移；Ⅱ级响应时，组织分区域、分先后依次转移；Ⅲ级响应时，组织做好人员转移准备。

6.4　明确转移警报方式，在洪水淹没区设置必要的报警设施，确保紧急情况下能够发布人员转移警报。报警方式应事先约定，并通过宣传和演练让公众知晓。

人员转移警报可采用电子警报器、蜂鸣器、沿途喊话、敲打锣鼓等方式，转移准备通知可采用电视、广播、电话、手机短信。

6.5 明确人员转移组织实施的责任单位和责任人，水库所在地县乡人民政府以及淹没区村民委员会、有关单位负责组织人员转移，公安、交通、电力等提供救助和保障。

应急指挥长负责下达人员转移命令，应急指挥机构负责人员转移的组织协调工作。人员转移命令可以根据事态变化做出调整。

6.6 明确人员安置要求，保障转移人员住宿、饮食、医疗等基本需求，防范次生灾害和山洪、滑坡地质灾害影响，落实安置管理、治安维护要求，禁止转移人员私自返回。

7 应急保障

7.1 明确突发事件应急保障条件，并与当地总体应急保障工作相衔接，落实通信、交通、电力、抢险队伍和物资等保障。

7.2 明确应急抢险与救援队伍责任人、组成和联系方式。

7.3 明确负责物资保障的责任单位与责任人、存放地点与保管人及联系方式。

7.4 明确通信、交通、电力保障责任单位与责任人及联系方式。

7.5 明确专家组、应急救援、人员转移等保障责任单位与责任人及联系方式。

7.6 落实应急经费预算、执行等管理。

8 宣传演练

8.1 明确预案宣传、培训、演练的计划和方案，确定宣传、培训、演练的组织实施单位与责任人。

8.2 宣传可通过发放手册、宣传标牌和座谈宣讲等方式，培训可采取集中授课、网络授课等方式。

8.3 演练重点明确紧急集合、指挥协调、工程抢险、人员转移等科目，演练过程可采取桌面推演、实战演练等方式。

附录 17.1　应急预案编写提纲

1　前言

1.1　编制目的和依据

1.2　编制原则

1.3　预案版本受控和修订

2　突发事件分析

2.1　水库基本情况

2.2　可能突发事件分析

2.3　洪水后果分析

2.4　水污染后果分析

2.5　人员转移方案

3　应急组织

3.1　应急组织体系

3.2　应急指挥机构及其职责

4　监测预警

4.1　险情监测

4.2　险情报告

4.3　预警级别

5　应急响应

5.1　应急响应

5.2　应急处置

6　人员转移

6.1　转移方案

6.2　转移路线

6.3　组织实施

7　应急保障

7.1　队伍保障

7.2　物资保障

7.3　通信、交通及电力保障

7.4　其他保障

8　宣传演练

9　附表附图

9.1　工程图表

9.2　溃坝洪水淹没范围图

9.3　应急组织体系图

9.4　应急响应流程图

9.5　人员转移路线图

9.6　分级响应表

附录 17.2　应急组织体系图

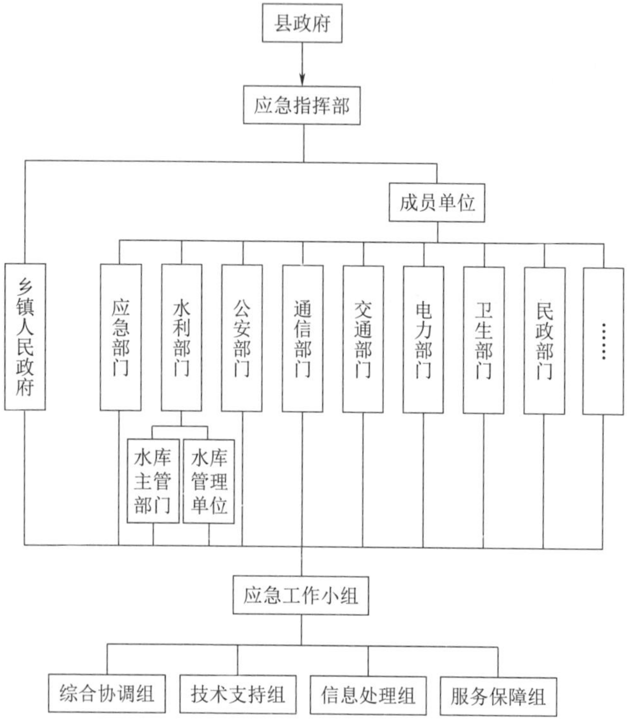

附录 17.3　应急响应流程图

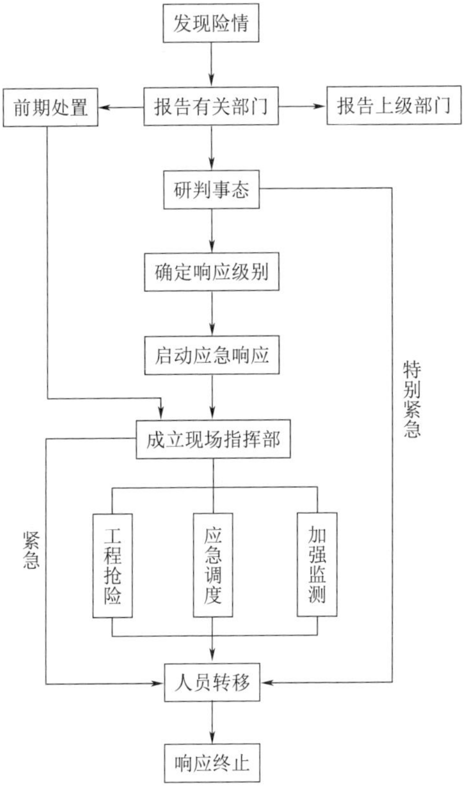

附录 17.4　人员转移路线图

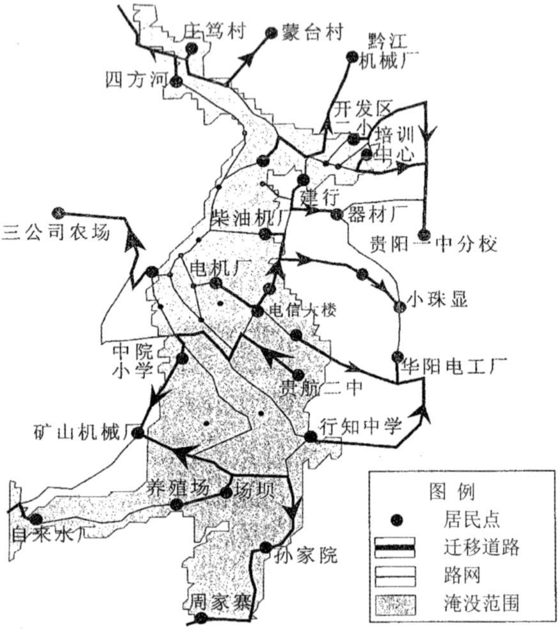

说明：①为应对可能溃坝等洪水，保障淹没区内公众生命安全，需制订人员转移方案；②根据淹没区内城镇村组、街道社区、厂矿企业人口分布，地形、交通条件，以及洪水到达时间，明确转移范围、人员分布、转移路线、先后次序、安置地点；③明确转移通知发布机关，如当地人民政府或应急部门；④明确或约定转移通知发布方式，如警报器、广播喇叭、电话等，并通过宣传和演练告知公众；⑤明确转移组织方案，确定责任单位、责任人和联系人，如利用基层组织、机关单位和村组干部做好转移组织实施；⑥明确转移过程中的通信、交通、救援、治安、安置、生活等保障。

附录17.5　分级响应表

事件分级	预警			应急响应措施	应急处置		
	雨情	水情	工情		应急调度	工程抢险	人员转移
Ⅰ级	3h降雨量达××mm，中短期天气预报近期有较强降雨，可能出现特大暴雨	库水位超过校核洪水位××m，大坝可能漫顶；溢洪道水深超过××m，或下泄流量超××m^3/s	特别重大险情：坝体出现大范围滑坡；坝体出现大面积渗漏，伴有翻砂冒水；溢洪道3孔闸门全部无法开启，并遭遇30年以上一遇洪水	应急指挥长立即赶赴现场，会商确定应对措施，报告上级人民政府和有关部门，请求支援；立即组织洪水淹没区人员转移；快速召集专家组和抢险队伍，调集抢险物资和装备，开展应急处置；对事件变化和水雨情跟踪观测	指挥长下达应急调度指令	抢险方案由专家组提出，由应急指挥部决定	指挥长下达人员转移命令，快速组织淹没区人员转移
Ⅱ级	3h降雨量达××mm，中短期天气预报近期仍有较强降雨	库水位超过设计洪水位××m，可能持续上涨；溢洪道水深超过××m，或下泄流量超过××m^3/s	重大险情：坝体出现局部滑坡；坝体出现大面积渗漏；溢洪道3孔闸门全部无法开启，并遭遇的年一遇以上洪水	应急指挥长会商确定应对措施，报告上级人民政府和部门；带领专家组赶赴现场，召集抢险队伍，调集抢险物资和装备；根据情况决定人员转移，有序组织实施；加强事件变化和水雨情跟踪观测	指挥长决定应急调度指令	抢险方案由专家组提出，由应急指挥部决定	指挥长临机决定，根据情况组织淹没区人员转移

续表

事件分级	预警			应急响应措施	应急处置		
	雨情	水情	工情		应急调度	工程抢险	人员转移
Ⅲ级	6h降雨量达××mm中短期天气预报近期可能有较强降雨	库水位超过××m；溢洪道水深超过××m，或下泄流量超过下游河道安全泄量××m^3/s	较大险情：大坝出现多处纵向、横向裂缝；下游坡渗漏较严重；溢洪道有2孔闸门无法开启，并可能遭遇较强降雨	水库主管部门组织会商，研究提出应对措施，报告地方人民政府和有关部门；组织专家和抢险队伍，调集抢险物资和装备，开展应急处置；通知淹区人员做好转移准备，必要时组织人员转移；加强事件变化和水雨情跟踪观测	水库主管部门决定应急调度	处置方案由水库主管部门制定	做好人员应急转移准备
Ⅳ级	6h降雨量达××mm，中短期天气预报近期可能有较强降雨	库水位超过正常蓄水位××m，溢洪道水深超过××m	一般险情：大坝出现浅层裂缝；下游坡出现多处渗水点；溢洪道有1孔闸门无法开启，并可能遭遇较强降雨	水库防汛行政责任人组织会商，报告主管部门，采取应对措施；做好抢险队伍、物资和装备准备，根据情形采取必要处置措施；落实现场值守，加强巡视检查和水雨情测报	防汛行政责任人决定控制运用措施	防汛行政责任人决定采取必要措施，加强巡查监测	

责任编辑　王启

微信号：Waterpub-Pro

唯一官方微信服务平台

ISBN 978-7-5170-9219-3

9 787517 092193 >

定价：48.00元